FORSCHUNGSBERICHTE DES LANDES NORDRHEIN-WESTFALEN

Nr. 2102

Herausgegeben im Auftrage des Ministerpräsidenten Heinz Kühn
von Staatssekretär Professor Dr. h. c. Dr. E. h. Leo Brandt

Prof. Dr.-Ing. Werner Leins
Dr.-Ing. Jörg Nagel
Dipl.-Ing. Guntram Kohler

Institut für Straßenwesen der Rhein.-Westf. Techn. Hochschule

Beobachtungen und Folgerungen an Deckenschäden nach langer Verkehrseinwirkung

(Auszug aus dem Abschlußbericht über die Versuchsstrecke B 60 [13])

SPRINGER FACHMEDIEN WIESBADEN GMBH 1970

Additional material to this book can be downloaded from http://extras.springer.com

ISBN 978-3-663-20047-5   ISBN 978-3-663-20403-9 (eBook)
DOI 10.1007/978-3-663-20403-9

Verlags-Nr. 012102

© 1970 by Springer Fachmedien Wiesbaden
Ursprünglich erschienen bei Westdeutscher Verlag GmbH, Köln und Opladen 1970
Gesamtherstellung: Westdeutscher Verlag

Vorwort

Der im Dezember 1968 fertiggestellte Abschlußbericht zum Forschungsauftrag »Beobachtungen und Folgerungen an Deckenschäden nach langer Verkehrseinwirkung« wird hiermit im *Auszug* vorgelegt.
Die auf der Versuchsstrecke im Zuge der Bundesstraße B 60 zwischen Aldekerk und Wachtendonk im Jahre 1969 durchgeführten Untersuchungen zeigten die außerordentlichen Schwierigkeiten, die bei Planung und Durchführung derartiger Forschungsvorhaben auftreten, insbesondere, da sich auf Grund der wissenschaftlichen Fortschritte die Untersuchungsergebnisse und -methoden aus den Jahren 1954–1958 nur unzureichend verwerten und interpretieren ließen.
In einer gekürzten Fassung sollen daher einem größeren Interessentenkreis die aufgetretenen Probleme nahegebracht werden, damit bei Planung und Durchführung weiterer Forschungsprogramme zur Aufstellung von Bemessungsgrundsätzen für Fahrbahnkonstruktionen die hier gesammelten Erfahrungen Berücksichtigung finden können.
Die vollständige Fassung kann vom Ministerpräsidenten des Landes Nordrhein-Westfalen – Landesamt für Forschung – oder vom Lehrstuhl für Straßenwesen, Erd- und Tunnelbau der Rheinisch-Westfälischen Technischen Hochschule Aachen auf Anforderung zur Verfügung gestellt werden.

Landesamt für Forschung

Vorwort

Zur Aufstellung von Bemessungsregeln für Fahrbahnkonstruktionen muß eine eingehende Auswertung gezielter Erfahrungs- und Datensammlungen erfolgen. In der Bundesrepublik wurden hierzu mehrere Versuchsstrecken innerhalb des öffentlichen Straßennetzes angelegt. Um das Langzeitverhalten verschiedener Bauweisen zu analysieren, wurde vom Verfasser im Auftrage des Ministerpräsidenten des Landes Nordrhein-Westfalen – Landesamt für Forschung – die bereits in den Jahren 1954–1958 untersuchte Versuchsstrecke »Aldekerk« im Zuge der Bundesstraße B 60 weiterverfolgt.

Ziel derartiger Langzeit-Untersuchungen sollte es sein, auf Grund exakt durchgeführter Messungen einwandfreie Beurteilungsmaßstäbe für die Verhaltensweisen der verschiedenen Konstruktionen unter möglichst genau erfaßten verkehrlichen und außerverkehrlichen Einflüssen aufzustellen.

Im Rahmen dieser Forschungsarbeit mußte festgestellt werden, daß dies nur möglich ist, wenn mit einem zeitlichen und finanziellen Aufwand gearbeitet wird, der die bisherigen Größenordnungen um ein wesentliches überschreitet. Die generelle Anlage der in vorliegendem Bericht behandelten Versuchsstrecke und die Versuchsdurchführungen sowohl aus den Jahren 1954–1958 wie auch in gewissem Umfange die neueren Erhebungen haben aus diesen Gründen Mängel gezeigt, die eine gültige Interpretation nur bedingt zulassen. Ich sehe es daher als eine wesentliche Aufgabe dieser Arbeit an, gerade diese Unzulänglichkeiten aufzuzeigen, damit bei ähnlichen Forschungsvorhaben zukünftig diese Gesichtspunkte berücksichtigt werden können.

Prof. Dr. Leins

Inhalt

1. Einleitung 7
2. Beschreibung der Versuchsstrecke 8
3. Auswertung des Abschlußberichtes aus dem Jahre 1959 über die Versuchsstrecke B 60 (Aldekerk—Wachtendonk) 9
   - 3.1 Allgemeines 9
   - 3.2 Beobachtungen am Betondeckenteil 9
   - 3.3 Beobachtungen am Schwarzdeckenteil 10
   - 3.4 Kritische Analyse der Meßdaten 11
   - 3.4.1 Höhenbestimmung der Festpunkte 11
   - 3.4.2 Sonstige Meßdaten 11
4. Allgemeine Überlegungen zum vorliegenden Forschungsauftrag 12
   - 4.1 Allgemeines 12
   - 4.2 Versuchsprogramm 12
5. Erhebungen 14
   - 5.1 Verkehrsbelastung seit 1954 14
   - 5.2 Versuch einer Unfallanalyse 15
   - 5.3 Bauliche Maßnahmen seit 1958 16
6. Versuchsdurchführungen 16
   - 6.1 Untergrund, Unterbau und Frostsicherheit 16
   - 6.2 Betondeckenteil 17
   - 6.2.1 Allgemeines zur Untersuchung der Bohrkerne 17
   - 6.2.2 Beurteilung der Plattendicken 17
   - 6.2.3 Technologische Eigenschaften 17
   - 6.2.3.1 Beurteilung der vorhandenen Druckfestigkeiten 17
   - 6.2.3.2 Eigenschaften der Verfestigungen 17
   - 6.2.4 Setzungsmessungen 17
   - 6.2.4.1 Heutige Verhältnisse 17
   - 6.2.4.2 Versuch einer zeit- und belastungsabhängigen Darstellung 17
   - 6.2.5 Risseaufnahme 17
   - 6.2.5.1 Zustand Herbst 1967 17
   - 6.2.5.1.1 Auswertung nach gleichen Unterbauabschnitten 20

6.2.5.1.2	Auswertung nach Deckenstärken	22
6.2.5.2	Zeit- und belastungsabhängige Darstellung	22
6.2.6	Ebenheitsmessungen	23
6.2.7	Zusammenfassung	25
6.3	Schwarzdeckenteil	27
6.3.1	Eigenschaften der Deck- und Binderschichten	27
6.3.1.1	Schichtstärken	27
6.3.1.2	Kornzertrümmerungen	27
6.3.1.3	Zusammensetzung der Deck- und Binderschichten	27
6.3.1.4	Zusammenfassung der technologischen Eigenschaften	27
6.3.2	Ebenheitsmessungen	27
6.3.3	Zusammenfassung	29
7. Schlußbetrachtung		29
7.1	Zusammenfassung	29
7.2	Ausblick	30
Literaturverzeichnis		33
Anhang		35

1. Einleitung

Die Verhaltensweisen von Fahrbahnkonstruktionen werden durch eine Vielzahl von Einflußfaktoren bestimmt. Diese sind zum Teil in ihrer Größe kaum erfaßbar oder beeinflussen sich gegenseitig, so daß die Aufstellung exakter Bemessungsmethoden wohl nie möglich sein wird. Bemessungsregeln werden sich daher nur durch Auswertung praktischer Erkenntnisse und umfangreicher Datensammlungen ermitteln lassen.
Zur gezielten Erfahrungs- und Datensammlung für empirische Verfahren ist man u. a. in den Vereinigten Staaten von Amerika (z. B. AASHO-ROAD-TEST) als auch in kleinerem Umfange in Deutschland dazu übergegangen, Versuchsstrecken anzulegen. Hiermit soll das Verhalten verschiedener Straßenkonstruktionen unter verkehrlichen und außerverkehrlichen Einflüssen beobachtet werden. Es konnte festgestellt werden, daß der Unterbau bzw. die verschiedenen Tragschichten für die Lebensdauer einer Straße von entscheidender Bedeutung sind. Während in den Vereinigten Staaten vorzugsweise besondere Teststrecken angelegt werden, auf denen das Langzeitverhalten durch »künstlichen« Testverkehr in kürzeren Zeitabschnitten simuliert werden soll, werden in Deutschland vorzugsweise Versuchsstrecken innerhalb des öffentlichen Straßennetzes angelegt.
Im Jahre 1953 wurde vom Minister für Wirtschaft und Verkehr des Landes Nordrhein-Westfalen ein Forschungsauftrag mit dem Ziel erteilt, das Verhalten verschiedener Konstruktionsarten unter Verkehrsbelastung zu vergleichen und zu bewerten. Es waren unterschiedlich aufgebaute starre wie auch flexible Fahrbahnkonstruktionen zu untersuchen. Hierfür wurde im Zuge des Neubaues der Bundesstraße B 60 zwischen den Ortschaften Aldekerk und Wachtendonk die sogenannte Versuchsstrecke Aldekerk angelegt. Die ersten Laboruntersuchungen, Messungen und Beobachtungen wurden durch o. Prof. Dr.-Ing. RENFERT, damaliger Direktor der Forschungsstelle für Straßen- und Erdbau der RWTH Aachen durchgeführt und in einem Abschlußbericht [1, 2] zusammengestellt.
Es war zu erwarten, daß sich nach langjähriger Verkehrseinwirkung weitere Anhalte für die Beurteilung der Konstruktionsschichten ergeben. Daher wurde im Jahre 1963 vom erstgenannten Verfasser im Auftrage des Ministerpräsidenten des Landes Nordrhein-Westfalen – Landesamt für Forschung – ein Forschungsauftrag begonnen, dessen Abschlußbericht hiermit vorgelegt wird.
Bei Beantragung dieses Forschungsauftrages war davon ausgegangen worden, daß die im 1. Forschungsauftrag gesammelten Daten eine einwandfreie Fortführung der Messungen und Erhebungen zulassen würden. Die im Rahmen dieser Forschungsarbeit durchgeführte Analyse der damaligen Daten ließ jedoch erkennen, daß dies nur sehr bedingt möglich ist. Die Interpretation der heutigen Ergebnisse wurde hierdurch ebenfalls sehr erschwert oder gar unmöglich, da sich ein Bezug auf die früheren Ergebnisse damit kaum herstellen läßt.
Aus den bei der Auswertung festgestellten Schwierigkeiten und Mängeln wurde daher abschließend eine Empfehlung für die Anlage und Durchführung derartiger Versuchsstrecken abgeleitet.

2. Beschreibung der Versuchsstrecke

Die Fahrbahnoberkante der Bundesstraße B 60 liegt im Bereich der gesamten Versuchsstrecke ungefähr 1 m über anstehender Geländehöhe. Die Strecke weist in diesem Abschnitt kein Längsgefälle auf, als Trassierungselemente wurden ausschließlich Kreisbögen (geringster Radius 550 m) und Geraden verwendet. Die Querneigung beträgt max. $q = 4\%$ (siehe Anl. 1, Abb. 1 in [1]).
Auf Grund der vorhandenen Trassierungselemente ist die gesamte Strecke im Bereich zwischen Aldekerk und Wachtendonk als Straße mit einer Entwurfsgeschwindigkeit von $V_E = 80$ km/h zu klassifizieren. Insbesondere im Bereich der Versuchsabschnitte sind Verkehrsgeschwindigkeiten von ca. 120 km/h bei Personenkraftwagen und von ca. 100 km/h bei Lastkraftwagen häufig zu beobachten.
Als Schüttmaterial für den Straßendamm wurden über die gesammte Versuchsstrecke frostsichere Kiessande in einer Mindeststärke von 50 cm eingebaut.
Über das darunter anstehende Untergrundmaterial sind keine Angaben vorhanden. Auf Grund der geologischen Gegebenheiten dürfte es sich auch hier um frostsichere Böden handeln.
Die Versuchsstrecke besteht aus zwei größeren Abschnitten; einem Betondeckenteil und einem Schwarzdeckenteil (Abb. 1).
Der *Betondeckenteil* wird unterteilt in fünf Versuchsabschnitte von jeweils 90 m Länge.

a) Abschnitt 1
   wurde in der üblichen Bauweise als zweilagige Betondecke von insgesamt 22 cm Dicke mit Baustahlgewebebewehrung ausgeführt. Diese Decke ist unmittelbar auf die Dammschüttung aufgelagert.
   Die vier weiteren Versuchsabschnitte unterscheiden sich zunächst in der Art der Bodenverfestigung. Hierzu wurden verschiedenartige Bindemittel gewählt (Abb. 2).

b) Abschnitt 2
   Portlandzement 23 kg/m^2
   mittlere Druckfestigkeit (10-cm-Würfel) 205 kp/cm^2

c) Abschnitt 3
   Trasszement 25 kg/m^2
   mittlere Druckfestigkeit 250 kp/cm^2

d) Abschnitt 4
   Halbstabile Bitumenemulsion 13 kg/m^2

e) Abschnitt 5
   Mechanische Verfestigung mit 16 kg/m^2 Ton

Die Bodenverfestigungen wurden in einer Dicke von 10 cm mit dem »Mixed-in-Plant«-Verfahren ausgeführt.
Diese vier Versuchsabschnitte wurden nochmals in je 30 m lange Abschnitte unterteilt. Die Abschnitte unterscheiden sich durch variierte Dicke der Betonfahrbahnplatte. Es wurden Betonplatten von 20, 18 und 16 cm Dicke eingebaut.
Der Oberbeton weist durchgehend eine gleichbleibende Dicke von 7 cm auf. Über Betongüte oder Druckfestigkeit des eingebauten Betons liegen keine Angaben vor. In den Betonplatten der Versuchsabschnitte 2–5 wurde keine Bewehrung eingebaut.
Der *Schwarzdeckenteil* ist ebenfalls in fünf Versuchsabschnitte unterteilt. Sie haben jeweils eine Länge von 300 m und unterscheiden sich im Aufbau der Tragschichten. Die

Verschleißschicht besteht auf Grund vorliegender Unterlagen aus einem 3 cm dicken Asphaltgrobbeton und liegt auf einer 3–4 cm dicken Binderschicht auf (Abb. 3).

a) 15 cm Zementbetonunterbau auf 15 cm Kiessand von km 2 + 400 bis 2 + 700.
b) 20 cm Setzpacklage auf 10 cm bituminöser Bodenverfestigung von km 2 + 100 bis km 2 + 400.
c) 25 cm Setzpacklage auf 5 cm Kiessand von km 1 + 800 bis km 2 + 100.
d) 25 cm Setzpacklage auf Planum von km 1 + 500 bis km 1 + 800.
e) 26 cm Schüttpacklage, welche als Normalausführung zu betrachten ist von km 1 + 200 bis km 1 + 500.

Im Beobachtungszeitraum zeigte sich in den Versuchsabschnitten, insbesondere bei feuchter Witterung, erhöhte Rutschgefahr, was sich in einer zunehmenden Unfallhäufigkeit äußerte (siehe Abschnitt 5.2).

3. Auswertung des Abschlußberichtes aus dem Jahre 1959 über die Versuchsstrecke B 60 (Aldekerk — Wachtendonk)

3.1 Allgemeines

Der Forschungsauftrag aus dem Jahre 1953 hatte folgende Problemstellung:

[1, 2]   »Untersuchungen über Bodenverfestigung des Untergrundes zur Feststellung der technischen und wirtschaftlichen Auswirkung auf den Unterbau beziehungsweise auf die Straßenbetonfahrbahnplatten sowie Untersuchungen flexibler Deckenkonstruktionen auf verschiedenen Unterbauarten.«

Nach Fertigstellung der Versuchsstrecke wurde diese ab Frühjahr 1954 in Abständen von einem halben Jahr und ab Herbst 1956 in Abständen von einem Jahr bis Herbst 1958 regelmäßig beobachtet.

Da in dem neuen Forschungsauftrag nunmehr die Verhaltensweisen in Abhängigkeit langjähriger Verkehrseinwirkung aufgezeigt werden sollen, sind die Meßmethoden des vorhergehenden Forschungsauftrages sowie die dort ermittelten Ergebnisse dahingehend auszuwerten, inwieweit sie als Vergleichswerte verwertbar sind.

Während die kritische Analyse der Meßdaten im Abschnitt 3.4 behandelt wird, sollen zunächst die damals durchgeführten Messungen kurz beschrieben werden.

3.2 Beobachtungen am Betondeckenteil

Die Versuchsstrecke des Betondeckenteiles ist 450 m lang. Die Betonfahrbahndecke wird durch Raum- und Scheinfugen in neunzig Versuchsfelder von 3,75 × 10,00 m unterteilt.

Die Betonplatten wurden bis auf acht Felder der südlichen Fahrbahn des Normaldeckenfeldes in den Ecken mit verschließbaren Meßbolzen ausgerüstet.

In der Mitte der Betonplatten der nördlichen Fahrbahn wurden zur Beobachtung der eingebauten und anstehenden Schichten sogenannte Tellergeräte eingebaut, um die Bewegungen des Straßenkörpers festzustellen.

Die Meßeinrichtung bestand aus senkrecht übereinander angeordneten Blechtellern, deren zwangsläufige Bewegung über angeschweißte Teleskopstahlrohre von einem in der Fahrbahndecke einbetonierten Stahlring mit Tastuhr aus verfolgt werden konnten. Die Veränderung der Höhenlagen der Meßbolzen und Stahlringe wurde durch Feinnivellements beobachtet. Für das Nivellement stand eine Festpunktkette entlang der Versuchsstrecke zur Verfügung, die an das Landesvermessungsnetz angeschlossen war. Aus den Meßergebnissen konnten Plattenverformungswerte und Bodenbewegungsgrößen errechnet werden.

Bereits während der Messungen zeigte sich, daß die den Tellergeräten zugedachten Funktionen, von diesen nicht einwandfrei erfüllt wurden, so daß die erzielten Meßwerte für die weiteren Betrachtungen nur bedingt brauchbar waren. Das fehlerhafte Funktionieren ist dadurch zu erklären, daß die Teller nicht ohne Störung der anstehenden Schichten eingebaut werden können und somit den tatsächlichen Bewegungen der Straßenkonstruktion nicht folgen können.

Außerdem wurden laufend nach Augenschein erkennbare Risse und Eckbrüche aufgenommen und in einen Rissplan eingetragen. Als Ergebnis konnte damals eindeutig festgestellt werden, daß die bewehrten Fahrbahnplatten sich gegenüber den auftretenden Belastungen als am besten geeignet erwiesen.

Von den Fahrbahnkonstruktionen mit unbewehrten Deckenplatten zeigte der Abschnitt mit bituminös verfestigter Tragschicht das günstigste Verhalten.

Ein Einfluß der Plattendicke auf die Haltbarkeit der Konstruktion konnte nicht festgestellt werden, da die geringe Anzahl der Meßdaten keine eindeutige Aussage zuließ.

3.3 Beobachtungen am Schwarzdeckenteil

Dieser Teil der Versuchsstrecke besteht aus fünf Versuchsabschnitten von insgesamt 1500 m Länge (Abb. 1). Die fünf Versuchsabschnitte von jeweils 300 m Länge unterscheiden sich durch verschiedenartig aufgebaute Tragschichten.

Zur Beobachtung des Untergrundes wurden im Schwarzdeckenteil ebenfalls die sogenannten Tellergeräte eingebaut und zwar in einem Abstand von 100 m, so daß auf jeden Versuchsabschnitt drei Tellergeräte entfallen.

Um die Veränderungen der Fahrbahndecke zu erfassen, wurden Unebenheitsmessungen durchgeführt. In Fahrbahnlängsachse wurden verteilt über die Fahrbahnbreite insgesamt sechs Ebenheitsaufnahmen untersucht. Für diese Unebenheitsmessungen wurde das Gerät von Bauch (Abb. 15 in [1]) verwendet. Es wurde festgestellt, daß die Unebenheiten zunächst abnahmen, später jedoch im weiteren Verlauf der Beobachtungen wieder geringfügig anstiegen. Ersteres läßt sich durch ein »Nachbügeln« infolge Verkehrseinwirkung erklären. Das geringfügige Wiederansteigen der Unebenheiten deutet darauf hin, daß infolge der Verkehrsbelastung eine Verformung der Straßenoberfläche bzw. der gesamten Straßenkonstruktion stattfindet.

Zusammenfassend wurde festgestellt, daß alle Deckenkonstruktionen bis zum Ablauf der Beobachtungszeit dem Verkehr in zufriedenstellender Weise standhielten. Bei näherer Betrachtung der geringen Unterschiede bezüglich der Haltbarkeit der verschiedenen Konstruktionsarten wurde erkennbar, daß sich die Konstruktion mit einer Tragschicht aus Beton auf Kiessandbettung am besten bewährte (Versuchsabschnitt 1), während die Konstruktion mit Setzpacklagetragschicht (Versuchsabschnitt 4) relativ schlecht zu bewerten ist. Es wurde abschließend festgestellt, daß bei flexiblen Deckenkonstruktionen einer Tragschicht aus Schüttpacklage oder Zementbeton der Vorzug zu geben ist.

3.4 Kritische Analyse der Meßdaten

3.4.1 Höhenbestimmung der Festpunkte

Die Richtigkeit und Genauigkeit der zu [1] durchgeführten Nivellements sind nicht überprüfbar, da in keinem Falle ein Schleifennivellement durchgeführt wurde. Bolzen A und B liegen als Bezugspunkte außerhalb der Versuchsstrecke und dienen zur Fixierung der Festpunkte *FP* 1 bzw. *FP* 20 entlang der Versuchsstrecke. Das Nivellement wurde, ausgehend vom Landesvermessungsnetz vom *TP* (*A*) 78 über den Bolzen *A* entlang der B 60 über den Bolzen *B* zum *TP* (*A*) 94 ausgeführt.

Die Liniennivellements über die Festpunktkette entlang der Versuchsstrecke zeigten zu den verschiedenen Untersuchungszeitpunkten untereinander teilweise erhebliche Abweichungen auf. Die Messungen wurden mit mangelnder Präzision durchgeführt, teilweise treten erhebliche gerätebedingte systematische Fehler auf, die Festpunkte *TP*(*A*) 78 und *TP* (*A*) 94 sind außerdem nur relativ ungenau festgelegt. Nachteilig mußte sich weiter auswirken, daß die Festpunkte sich innerhalb des Straßendammes befinden und somit selbst den Konsolidationssetzungen ausgesetzt sind. Eine nachträgliche Festlegung der Festpunkte für alle Meßzeitpunkte ist daher ebenfalls nicht möglich.

Um sich ein Bild über die Abweichungen zu machen, wurden die Höhendifferenzen der früheren Nivellements für die Festpunkte 1–20 zu den mit Schleifennivellement 1967 ermittelten Höhen gebildet, wobei, wie bereits erwähnt, der Bolzen *A* als konstant in seiner Höhenlage angenommen wurde (Anlage 1*). In einem Diagramm (Anlage 2*) mit den Festpunkten als Abszisse und den Differenzen als Ordinate wurden die Abweichungen gegenüber dem Nivellement 1967 in 0,5 mm Abstufung aufgetragen. Es zeigt sich, daß die Höhenbestimmungen von 1954 bis 1958 mit unterschiedlicher Genauigkeit ausgeführt wurden. Die Nivellements von Herbst 1954 und Frühjahr 1955 scheinen nur mit Ablesefehlern behaftet, während bei allen übrigen Nivellements systematische Fehler vorliegen müssen, die zumeist auf Fehler der Zielachse aber auch zumindest für das Frühjahr 1956, auf Stehachsenfehler zurückzuführen sind. Im Frühjahr 1954 kann die Fehlerhaftigkeit auch auf das benutzte veraltete Gerät zurückgeführt werden.

Der Fehler des Nivellements von April 1967 beträgt 1,75 mm; somit ist dieses hinreichend genau und konnte als Null-Ordinate gewählt werden.

3.4.2 Sonstige Meßdaten

Alle weiteren verwertbaren Meßdaten wurden soweit sinnvoll in den folgenden Abschnitten ausgewertet und in die Interpretation einbezogen.

Die Tellergeräte wurden nicht mehr benutzt, da die Funktionsuntüchtigkeit bereits in [1] nachgewiesen wurde und außerdem auf Grund der geringen Anzahl der zur Verfügung stehenden Meßstellen keine eindeutigen und brauchbaren Aussagen getroffen werden konnten.

Die früher ermittelten Setzungen der Platten und die Schadensaufnahmen sollten für eine zeitabhängige Darstellung dieser Verhaltensweisen herangezogen werden. Bei den Nivellements der Bolzenpunkte mußten entsprechend wie bei den Liniennivellements teilweise weitere erhebliche systematische wie zufällige Fehler festgestellt werden, hierdurch wird eine derartige Darstellung sehr fragwürdig und nur höchst vorsichtig interpretierbar.

---

* siehe Originalbericht [13]

Die in [1] durchgeführten Ebenheitsaufnahmen am Schwarzdeckenteil sind ebenfalls nur bedingt vergleichbar mit neuen Messungen, da zwischenzeitlich bauliche Veränderungen vorgenommen wurden und auch andere Meßgeräte zum Einsatz gelangen.

4. Allgemeine Überlegungen zum vorliegenden Forschungsauftrag

4.1 Allgemeines

Beschäftigt man sich im Straßenwesen mit der Dimensionierung bzw. mit der Aufstellung von Bemessungsregeln und Formeln für Straßenkonstruktionen, so wird man zwangsweise auf empirisch ermittelte Daten zurückgreifen müssen. Zur Gewinnung solcher Grundwerte gibt es nun grundsätzlich zwei Wege.

Man verfolgt das Verhalten einer Straßenkonstruktion bei besonderer Beachtung der Verkehrssicherheit und Wirtschaftlichkeit und bei Heranziehung aller erfaßbarer Parameter wie verkehrliche und außerverkehrliche Einflüsse. Dieses Verhalten wird beobachtet über eine langjährige Benutzungsdauer; man wird dazu heute einen Zeitraum von ca. 20 Jahren heranziehen müssen, was üblicherweise als anzustrebende Lebensdauer moderner Verkehrswege erachtet wird. Endgültige Aussagen über den Gebrauchswert werden sich damit jedoch erst nach Ablauf dieses Zeitraumes machen lassen. Bei der Erfassung des Gebrauchswertes ist grundsätzlich zu unterscheiden zwischen der Erhaltung der notwendigen Tragfähigkeit einer Gesamtkonstruktion und der Erhaltung der Verkehrssicherheit. Es kann also durchaus der Fall eintreten, daß die Verkehrssicherheit wie z. B. bezüglich Griffigkeit nicht mehr gewährleistet ist, während die Konstruktion den Anforderungen an die Tragfähigkeit vollauf genügt, d. h. der volle Gebrauchswert läßt sich z. B. durch Auflegen einer neuen Verschleißschicht wieder herstellen.

Wegen des Zeitaufwandes für diese empirischen Versuche läuft man jedoch Gefahr, gültige Beurteilungsmaßstäbe über bestimmte Konstruktionen erst dann aufstellen zu können, wenn diese Bauweise aus wirtschaftlichen oder technischen Gründen vielleicht gar nicht mehr angewandt wird. In diesem langen Zeitraum werden jedoch die klimatischen Einflüsse weitgehendst erfaßt, was bei der zweiten Methode, nämlich bei Durchführung von Kurzversuchen auf Versuchsstrecken mit »künstlichem« Testverkehr über ca. 2–3 Jahre nicht möglich ist, womit bestimmte Einflußfaktoren unberücksichtigt bleiben. So lassen sich nur bedingt Rückschlüsse auf andere oder längere Zeiträume ziehen.

4.2 Versuchsprogramm

Um die auf verschiedenen Versuchsstrecken im In- und Ausland gewonnenen Erfahrungen und Erkenntnisse über die Dimensionierung von Deck- und Tragschichten zu erweitern, wurde im Oktober 1963 der vorliegende Forschungsauftrag eingereicht, in welchem die Verhaltensweisen verschiedener Fahrbahnkonstruktionen nach langjähriger Verkehrsbelastung getestet werden sollten. Es erschien günstig, die bereits im Zeitraum 1954–1958 verfolgte Versuchsstrecke »Aldekerk« im Zuge der Bundesstraße

B 60 weiter zu beobachten und aus den eingetretenen Veränderungen und Schäden weitere Rückschlüsse auf das Verhalten der angewandten Straßenkonstruktion zu ziehen.

Wie die in Abschnitt 2 beschriebenen Fahrbahnkonstruktionen zeigen, handelt es sich zwar zum Teil um Bauweisen, die heute aus verschiedenen, besonders aber wirtschaftlich-technischen Gründen nicht mehr angewandt werden. Neuere Erkenntnisse haben ergeben, daß aus den Aussagen, die an solchen Bauweisen gewonnen werden, nur sehr bedingt Rückschlüsse auf heute angewandte Konstruktionen gezogen werden können.

Man war davon ausgegangen, daß die vorhandenen Daten von Untergrund, Unterbau und Decke in ihrer ursprünglichen Form ausreichen würden, um einwandfrei Veränderungen feststellen zu können. Wie sich jedoch herausgestellt hat, sind die Daten, die im ersten Forschungsauftrag gesammelt wurden, für eine einwandfreie Beurteilung nicht vollständig genug bzw. weisen Mängel auf, die zum Teil darin begründet sind, daß damals meßtechnisch unbefriedigende Geräte zur Verfügung standen.

Auf diese Gesichtspunkte wird in den einzelnen Abschnitten wie auch am Schluß des Berichtes in einer Empfehlung für die Anlage weiterer Versuchsstrecken hingewiesen.

Eine für die weitreichende Erfassung von Meßdaten notwendige Sperrung der Versuchsstrecke für den Durchgangsverkehr war nicht möglich. Die Bundesstraße B 60 stellt eine wichtige Verbindung für den Ost-West-Verkehr zwischen Ruhrgebiet und den südlichen Niederlanden dar. Außerdem steht für den Streckenabschnitt, in welchem die Versuchsstrecke liegt, keine aufnahmefähige Entlastungsstraße zur Verfügung. Eine halbseitige Sperrung konnte nur räumlich begrenzt und unter Aufrechterhaltung des Gesamtverkehrs durchgeführt werden, und zwar nur außerhalb der saisonbedingten Verkehrsspitzen. Hierdurch konnten die Hauptuntersuchungen erst im Herbst 1967 bei ungünstigen Witterungsbedingungen durchgeführt werden.

Die Untersuchungen wurden getrennt für den Betondeckenteil und Schwarzdeckenteil durchgeführt. Die einzelnen Bauweisen sind bereits in Abschnitt 2 bzw. ausführlich im ersten Versuchsbericht 1954–1958 [1] dargestellt bzw. besprochen.

Im Betondeckenteil sollten die Setzungs- und Verformungsmessungen aus den Jahren 1954–1958 weiterverfolgt werden, um die Bewegungen im Untergrund und der Decke über diese langen Zeiträume erneut zu analysieren.

Um die physikalisch-technischen Eigenschaften, besonders die Festigkeiten und die Schichtstärken der Betondecken sowie des Unterbaues (Tragschichten) festzustellen, wurden Bohrkerne entnommen und laboratoriumsmäßig geprüft.

Für den Benutzer, d. h. den Autofahrer, sind neben der Fahrsicherheit besonders der Fahrkomfort von wesentlichem Belang, d. h., es wird besonders die Ebenheit zur Beurteilung einer Straße heranzuziehen sein. Bei Betondecken werden besonders Risse und Eckbrüche, vor allem, wenn sie mit fortschreitender Beschädigung aufklaffen bzw. zu Vertikalverschiebungen führen, den Fahrkomfort und damit den Gebrauchswert mindern [3, 4]. Neben der Analyse der Risse und Eckbrüche sollte durch Ebenheitsmessungen mit dem Planografen versucht werden, Daten über die Befahrbarkeit der Strecken zu erhalten.

Im Schwarzdeckenteil wurden ebenfalls Bohrkerne entnommen. Bei den Deck- und Binderschichten wurden zu den physikalisch-technologischen Daten, besonders auch Kornzertrümmerung und Schichtdicke ermittelt. Die Ebenheiten sollten ebenfalls durch Messungen mit dem Planografen verglichen werden. Der Aussagewert dürfte jedoch fraglich sein, da auf diese Versuchsabschnitte 1963/64 ein Tapisable-Belag aufgebracht wurde. Der Einfluß dieses Teppichgelages wird in Abschnitt 6.3.2 angesprochen.

Deflektionsmessungen, wie z. B. mit dem Benkelman-Balken, konnten für beide Versuchsabschnitte nicht vorgenommen werden, weil hierzu eine völlige Straßensperre notwendig gewesen wäre, um die störenden Einflüsse von vorbeifahrenden schweren Lastkraftfahrzeugen auszuschalten.

Um die Lebensdauer einer Straße beurteilen und daraus Rückschlüsse für ähnliche Bauprojekte ziehen zu können, darf nicht nur der »Oberbau«, bestehend aus Tragschichten und Decke, beurteilt werden, sondern es sind möglichst sämtliche Parameter, die auf die Haltbarkeit der Straße einwirken können, zu berücksichtigen. Hierzu gehören besonders die Untergrundverhältnisse, der Unterbau, die klimatischen Bedingungen und die Verkehrsbelastung. Auf Versuchsstrecken mit öffentlichem Verkehr sollte bei Vorliegen von ausreichendem statistischem Material versucht werden, die Verkehrsunfälle zu betrachten, weil deren Ursache häufig in mangelhafter Anlage und Konstruktion einer Straße zu suchen sind.

5. Erhebungen

5.1 Verkehrsbelastung seit 1954

Für den Streckenabschnitt Aldekerk—Grenzübergang Venlo der Bundesstraße B 60 wurde im Jahre 1953 zwischen Herongen und Wankum eine Zählstelle zur Ermittlung des durchschnittlichen täglichen Verkehrs (DTV) eingerichtet. Erst ab 1960 wurden bei Einführung der Vier-Stunden-Zählmethode nach FEUCHTINGER-MURANYI [12] zur Ermittlung des DTV im Streckenabschnitt Aldekerk—Wachtendonk, also im Bereich der Versuchsstrecke, weitere Verkehrszählungen durchgeführt. Da für die Zähljahre 1953, 1956 und 1958 für die Versuchsstrecke selbst keine Zählergebnisse vorliegen, war zunächst versucht worden, über die 1960, 1963 und 1965 für beide Streckenabschnitte vorliegenden Verkehrsmengen einen korrelativen Zusammenhang festzustellen. Eine eindeutige Beziehung ließ sich jedoch nicht aufstellen, die Vergleichswerte schwankten um ca. $\pm 20\%$.

Für die Jahre 1953, 1956 und 1958 müssen daher die Zählergebnisse aus dem Streckenabschnitt Herongen—Wankum herangezogen werden. Für die Jahre 1960, 1963 und 1965 sind die aus der Vier-Stunden-Zählmethode ermitelten DTV-Werte für den Streckenabschnitt Aldekerk—Wachtendonk direkt übernommen (Anlage 3* und 4*). Die Zählergebnisse sind getrennt nach Fahrzeugarten aufgeführt. In Anlage 5* ist die Verkehrsentwicklung für die gesamten Lastkraftwagen und für den gesamten Kraftfahrzeugverkehr (in Kfz bzw. umgerechnet in Pkw-E) dargestellt.

Besonders bei den Lkw und Lkw-Zügen ist der Rückgang vom Zähljahr 1958 zu 1960 auffallend. Auf Grund der vorhandenen Unterlagen war eine eingehende Analyse hierfür nicht möglich, so daß nicht geklärt werden konnte, ob dieser Sprung in der Umstellung der Zählmethode (bzw. der Zählstelle) oder in Umstrukturierungen des Gesamtnetzes begründet ist. Die angegebenen Verkehrsmengen können mithin nur als Abschätzung angesehen werden.

Mit Verkehrsmengen von 500–1000 Lkw (über 5 t) pro Tag ist die Strecke in die Verkehrsklasse »starker Verkehr« einzureihen [10].

Für die Beurteilung der Lebensdauer und Haltbarkeit einer bestimmten Fahrbahnkonstruktion ist die Summe der erfolgten Fahrzeugübergänge maßgeblich. Es wurden

* siehe Originalbericht [13]

daher die Lkw und gesamten Fahrzeugübergänge (in Pkw-E) seit Eröffnung im Jahre 1954 als Summenlinie aufgetragen (Abb. 4 und 5).
Bis Ende 1967 war die Versuchsstrecke insgesamt (seit 1954) einer Verkehrsbelastung von etwa 3,6 Mill. Lkw bzw. Lkw-Zügen oder etwa 14,1 Mill. Kfz bzw. 20,8 Mill. Pkw-E ausgesetzt.

5.2 Versuch einer Unfallanalyse

In einer Unfallanalyse wurden alle zwischen Aldekerk und Wachtendonk aktenkundlichen Verkehrsunfälle hinsichtlich ihrer Ursachen ausgewertet. Weiterverfolgt wurden schließlich die Unfälle, bei welchen ein Zusammenhang mit baulichen Gegebenheiten vermutet werden kann, d. h. die Unfälle, welche gegebenenfalls durch Verkehrsbeschränkungen oder bauliche Veränderungen hätten vermieden werden können.
Bezüglich der Unfallursachen lassen sich im Schwarzdeckenteil drei Streckenabschnitte erkennen, während im Betondeckenteil keine speziellen Symptome festgestellt wurden. Der Schwarzdeckenteil läßt sich diesbezüglich in die Abschnitte der freien Strecke von km 13 + 150 bis km 14 + 400 (Landes-km ab niederländische Grenze) der Kurve von km 14 + 400 bis km 14 + 600 und der Kuppe von km 14 + 600 bis km 15 + 850 unterteilen.
Verkehrsunfälle im Abschnitt km 14 + 600 bis km 15 + 850 (Versuchsstrecke nur bis km 14 + 650) waren überwiegend dadurch erklärbar, daß bei Überholmanövern in Verbindung mit hohen Geschwindigkeiten die Sichtweite infolge der vorhandenen Kuppe über der Bahnlinie nicht ausreichend war. Durch das Einführen einer Geschwindigkeitsbegrenzung und eines Überholverbotes konnte diese Gefahrenstelle weitgehend beseitigt werden.
Die Verkehrsunfälle im Abschnitt km 14 + 400 bis km 14 + 600 (Bau-km 1 + 250 bis 1 + 450) waren nahezu ausschließlich auf mangelnde Griffigkeit in Verbindung mit der Trassierung (Kurve) bei gleichzeitigem Auftreten von Seitenwind zurückzuführen. Anfang 1962 wurde auf dieser Strecke eine Geschwindigkeitsbeschränkung eingeführt, im September 1963 wurde ein Tapisable-Teppich aufgebracht. Die Wirksamkeit dieser Maßnahmen läßt sich jedoch an Hand unfallstatistischer Zahlen nicht nachweisen, da die relativ geringe Zahl von Unfällen keine interpretierbaren Unfallzahlen ergibt. Die einmalig hohe Unfallzahl im Jahre 1961 kann in statistischem Sinne zufallsbedingt sein. Die Unfälle im Jahre 1961 ereigneten sich jedoch alle bei regenfeuchter Fahrbahn infolge Schleudern der Fahrzeuge, und zwar überwiegend während des nassen Sommers von Juli bis September (Abb. 6, Anl. 7*). Dies läßt bedingt einen Schluß auf verminderte Griffigkeitseigenschaften der vorhandenen Decke zu.
Auf der freien Strecke von km 13 + 150 bis km 14 + 400 (Bau-km 1 + 450 bis 2 + 700) sind Verkehrsunfälle ab 1958 nachweisbar. In den nassen Jahren 1962 bis 1964 erfolgte hier ein sprunghafter Anstieg. Auch auf diesem Abschnitt ereignete sich der überwiegende Teil der Unfälle in den nassen Sommermonaten Juli bis September. Von Juli bis August 1960 60%, von August bis September 1962 72%, von August bis September 1963 45% und von Juli bis September 1964 75% aller jährlich registrierten Verkehrsunfälle; 1960 ereigneten sich dagegen 50% der Unfälle im nassen Spätherbst von November bis Dezember (Abb. 6, Anl. 6*).
Es wurde festgestellt, daß über 70% aller Verkehrsunfälle zwischen km 13 + 150 und km 14 + 400 auf verminderte Griffigkeit bei nasser Fahrbahn zurückgeführt werden kann. Wie bereits 1963 zwischen km 14 + 400 bis km 14 + 600 wurde im September

---
* siehe Originalbericht [13]

1964 ein Tapisable-Teppich auch hier aufgebracht. Für diesen größeren Streckenabschnitt wurde wegen der etwas größeren Anzahl auswertbarer Unfälle die relative Unfallziffer ermittelt (Anl. 6*) und in Abb. 6 dargestellt. Für diesen Streckenabschnitt kann bei jedoch sehr vorsichtiger Betrachtung eine Verminderung der Unfallhäufigkeit als Folge des Teppichbelages abgelesen werden. Wegen der jedoch allgemein mit derartigen Teppichbelägen gemachten Erfahrungen ist einer derartigen Aussage mit äußerster Vorsicht zu begegnen. Interessant ist ferner die Feststellung, daß in den herbstlichen Nebeltagen sowie bei winterlichen Fahrbahnverhältnissen lediglich 16% der jährlich registrierten Verkehrsunfälle zu verzeichnen waren, was auf ein witterungsbedingtes vorsichtiges Verhalten der Verkehrsteilnehmer zurückzuführen ist.

5.3 Bauliche Maßnahmen seit 1958

Grundlegende bauliche Veränderungen wurden in den Versuchsabschnitten nicht vorgenommen. Im Betondeckenteil wurden zur Behebung von umfangreichen Schäden infolge Eck- und Kantenbrüchen verschiedentlich Teile der Fahrbahnplatten bis zu 1,00 m Breite ausgebessert (Anl. 33*), teils mit Beton, teils mit bituminösem Mischgut. Außerdem wurden verschiedentlich größere klaffende Risse vergossen. Genauere Aufzeichnungen über den Zeitpunkt der Ausbesserungsarbeiten fehlen jedoch.

Im Schwarzdeckenteil wurde in den Jahren 1963 bzw. 1964 ein zwei Zentimeter starker Tapisable-Teppich aufgebracht. Man glaubte, auf diesem Wege die Unfallhäufigkeit herabsetzen zu können. Der Erfolg einer derartigen Maßnahme kann gemäß obigen Feststellungen nur sehr bedingt nachgewiesen werden.

6. Versuchsdurchführungen

6.1 Untergrund, Unterbau und Frostsicherheit

Wie in Abschnitt 2 bereits ausgeführt, bestehen über den anstehenden Untergrund keine gemessenen Daten. Auf Grund der geologischen Gegebenheiten und wegen der unmittelbaren Nachbarschaft zum Eyller See, aus dem das Material (Abb. 7) für Dammschüttung und Verfestigungen gewonnen wurde, kann geschlossen werden, daß es sich vorwiegend um weitgestufte Sand-Kies-Gemische handelt, welche im allgemeinen frostsicher sein dürften. Zur Schüttung des Straßendammes wurde das frostsichere Material aus dem Eyller See in einer Mindeststärke von 50 cm eingebaut. Darüber liegt die eigentliche Straßenbefestigung, bestehend aus Unterbau (Tragschichten) und Fahrbahndecke, mit einer Stärke von 22 bis 30 cm beim Betonteil bzw. 43–50 cm beim Schwarzdeckenteil, womit sich selbst bei Außerachtlassung des evtl. frostsicheren Untergrundes eine frostsichere Konstruktionshöhe von 72 bis 80 cm bzw. 93–100 cm ergibt. Diese Werte liegen sämtlich über den geforderten Werten für frostsicheren Ausbau [7].
Aus dem langjährigen Mittel der Jahre 1951–1967 ergeben sich jährlich etwa 56 Frosttage (Temperatur täglich einmal unter 0°C) bzw. 14 Eistage (Temperatur ganztägig unter 0°C) bei Extremwerten von 90 Frost- bzw. 50 Eistagen.

* siehe Originalbericht [13]

6.2 Betondeckenteil

6.2.1 Allgemeines zur Untersuchung der Bohrkerne

6.2.2 Beurteilung der Plattendicken

6.2.3 Technologische Eigenschaften

6.2.3.1 Beurteilung der vorhandenen Druckfestigkeiten

6.2.3.2 Eigenschaften der Verfestigungen

6.2.4 Setzungsmessungen

6.2.4.1 Heutige Verhältnisse

siehe Originalbericht [13]

6.2.4.2 Versuch einer zeit- und belastungsabhängigen Darstellung

Ziel einer langfristigen Beobachtung an Versuchsstrecken sollte eine zeit- bzw. belastungsabhängige Darstellung der Verhaltensweisen verschiedener Fahrbahnkonstruktionen sein. Am Verlauf derartiger Darstellungen kann dann eventuell die Lebensdauer der Konstruktionen abgeschätzt werden. Außerdem kann versucht werden, zu klären, ob an Hand kurzfristiger Verhaltensweisen eine Prognose für das Langzeitverhalten aufgestellt werden kann.

Es wurde daher versucht, an Hand der im 1. Forschungsauftrag ermittelten und der neu gemessenen Plattensetzungen das Setzungsverhalten über die Benutzungszeit zu verfolgen. In Abschnitt 3.4.1 ist bereits darauf hingewiesen, daß die Nivellements der Jahre 1954–1958 mit erheblichen systematischen wie auch zufälligen Fehlern behaftet sind. Weitere unerklärbare Meßdaten ergaben sich bei einer Analyse der Nivellements der einzelnen Plattenbolzen. Trotz umfangreicher Korrekturrechnungen konnten lediglich die Meßwerte Frühjahr 1954, Frühjahr 1955 und Herbst 1958 aus dem 1. Forschungsauftrag herangezogen werden. Es muß jedoch darauf hingewiesen werden, daß auch diese Daten noch mit erheblichen Unklarheiten behaftet sind und nur sehr vorsichtig interpretiert werden können.

Die unter obigen Bedingungen ermittelten Setzungswerte für die auch im Herbst 1968 gemessenen Punkte sind in den Anlagen 20–24* dargestellt. Die hieraus errechneten Setzungsmittelwerte für die einzelnen Versuchsabschnitte 1–5 sind in Abb. 8 als Funktion der Zeit aufgetragen. Hier ist ebenfalls nochmals die Verkehrsentwicklung gemäß Abbildungen 4 und 5 aufgetragen. Aus dem Kurvenverlauf kann mit gewissen Vorbehalten gefolgert werden, daß die Hauptsetzungen der Fahrbahnplatten als Anfangssetzung auftreten und somit als Konsolidationssetzung der Gesamtkonstruktion zu deuten wären. Die weitere Setzung kann dann als linear bezeichnet werden, ein direkter Zusammenhang mit der Verkehrsbelastung wird nicht ersichtlich. Die Relation der Setzungsgrößen nach langer Verkehrseinwirkung würde demnach der kurzzeitigen entsprechen, so daß eventuell Schlüsse aus dem Kurzzeitverhalten derartiger Konstruktionen auf das Langzeitverhalten möglich sein könnten.

6.2.5 Risseaufnahme

6.2.5.1 Zustand Herbst 1967

Für die Beurteilung des heutigen Zustandes der Betonplatten erfolgte eine eingehende Aufnahme von Rissen, Eckbrüchen und Ausbesserungsstellen (siehe Risseplan Anlage 33*).

* siehe Originalbericht [13]

Hierbei wurden die augenscheinlich bei meist feuchter Fahrbahn gerade noch sichtbaren Schadensmerkmale aufgenommen. Im Risseplan wurde außerdem unterschieden in vergossene und unvergossene Risse. Die ebenfalls aufgenommenen Rißbreiten wurden in den Auswertungen mit verarbeitet. Da die Risse längs ihres Verlaufs meistens verschieden stark aufklaffen, wurde den späteren Auswertungen die mittlere Rißbreite zugrunde gelegt. In Anlage 34* sind, getrennt nach Unterabschnitten, folgende Auswertungen vorgenommen worden:

1. Risseanzahl je Fahrbahnplatten
   a) Gesamte Risseanzahl je 6 Fahrbahnplatten (ohne Unterscheidung nach Längen)
   b) Unterteilung der gesamten Risseanzahl (nur Bruchrisse) nach »Normalen Rissen« mit Rißbreite < 1,2 mm und »Klaffenden Rissen« > 1,2 mm (in Anlehnung an [3] + [4])

2. Rißlängen je 6 Fahrbahnplatten
   a) Gesamte Rißlänge
   b) Unterteilung der Rißlängen nach normalen bzw. klaffenden Rissen.

3. a) Mittlere Rißfläche je Fahrbahnplatte nach der Formel
$$f = \frac{\Sigma (l \cdot b)}{n \cdot 1000} \ [m^2]$$

   l = Länge des Einzelrisses [m]
   b = dazugehörige mittlere Rißbreite [mm]
   n = Anzahl der Platten

3. b) Mittlere Rißfläche je 100 m Fahrspur
$$F = 10 \cdot f$$

4. Mittlere Rißbreite
$$b = \frac{\Sigma (l \cdot b)}{\Sigma l} \ [mm]$$

5. a) Mittlere Rißöffnung je Fahrbahnplatte; dies ergibt ein Maß für die in Längsrichtung aufsummierte Öffnungsweite aller Risse einer Platte
$$ö = \frac{\Sigma (l \cdot b)}{n \cdot B} \ [mm]$$

   B = Fahrspur = Plattenbreite [m]
   hier $B = 3,75$ m

5. b) Rißöffnung je 100 m Fahrspur
$$Ö = ö \cdot 10 \ [mm]$$

6. Zahl der Eckbrüche; die entsprechend dem Risseplan ausgebesserten Ecken wurden ebenfalls als Eckbrüche gewertet

7. Das Verhältnis von ungebrochenen zu gebrochenen Platten

Für den Versuchsabschnitt 1 wurden die Risse an sämtlichen 18 Platten ermittelt, zur besseren Vergleichbarkeit sind die Werte der Spalten 3–8 (Anlage 34*) ebenfalls auf sechs Platten bezogen. ebenso wurde für die Mittelwerte der Hauptabschnitte verfahren.

* siehe Originalbericht [13]

Tab. 1 *Rangfolge der Schadensauswertungen nach Unterbauabschnitten*

Reihen-folge	Rißzahl		Rißlänge		Rißfläche		Rißöffnung		mittlere Rißbreite		Schadenswert		
	Ab-schnitt	je 6 Platten	Ab-schnitt	je 6 Platten [m]	Ab-schnitt	je 100 m Fahrspur [m²]	Ab-schnitt	je 100 m Fahrspur [mm]	Ab-schnitt	[mm]	Ab-schnitt	Wert	1954 bis 1958
gut 1.	1	1,7	1	3,6	1	0,0035	1	0,93	1	0,58	1	2,9	1,0
2.	4	5,6	4	18,8	4	0,0536	4	14,28	4	1,86	4	17,0	7,0
3.	2	6,6	2	19,6	2	0,0721	2	19,23	5	1,94	2	18,7	10,5
4.	5	10,3	5	29,8	5	0,0972	5	25,90	3	2,04	5	27,0	11,0
schlecht 5.	3	11,3	3	35,4	3	0,1210	3	32,27	2	2,20	3	37,3	22,5

6.2.5.1.1 Auswertung nach gleichen Unterbauabschnitten

Betrachtet man nur die Unterbauabschnitte, die jeweils aus sechs Platten bestehen, so können aus den gesammelten Werten wegen der geringen Plattenanzahl noch keine allgemeinen Aussagen getroffen werden. Es wurde daher versucht, die Abschnitte 2, 3, 4 und 5 mit gleichbleibendem Unterbau im Vergleich mit dem Versuchsabschnitt 1 zu interpretieren. Zu diesem Zweck wurden die oben angeführten Einzelwerte als Mittelwerte für die Versuchsabschnitte zusammengefaßt.

Um Vergleiche zur Risseauswertung im ersten Forschungsbericht ziehen zu können, wurden in Anlage 36* noch Risse und Eckbrüche in Abhängigkeit von der Unterbauart und der Deckendicke dargestellt. Damit die kürzeren Risse der Bedeutung entsprechend berücksichtigt werden, wird die Anzahl der Rißbildungen hierbei als Quotient $n = \dfrac{\Sigma l}{B}$ mit $B = 3{,}75$ m dargestellt. Es werden außerdem die Anzahl der Rißbildungen, bezogen auf die Anzahl der untersuchten Fahrbahnplatten, ausgewertet (Rißbildungswert in %) und die Anzahl der Eckbrüche in Relation zur Anzahl der Ecken der untersuchten Fahrbahnplatten (Eckbruchwert in %) gesetzt.

Der Schadenswert errechnet sich durch Aufsummierung der Rißbildungen und der Eckbrüche für Versuchsabschnitte mit gleichem Unterbau [1].

Um zu einer übersichtlichen Beurteilung der Schadensauswertungen zu gelangen, werden die wichtigsten der in den Anlagen 34* und 36* angegebenen Daten ihrer Rangfolge nach geordnet in Tab. 1 dargestellt.

Dabei ergibt sich, daß sich die bewehrten Platten des Versuchsabschnittes 1 wesentlich besser gehalten haben; sie liegen hinsichtlich der Rißzahl, Rißlänge, Rißfläche bzw. Rißöffnung, mittlerer Rißbreite und Schadenswert mit sehr deutlichem Abstand in einem »guten« Bereich.

Rißzahl, Rißlänge, mittlere Breite und Schadenswert betragen nur ca. $1/3$ bis $1/5$ der Werte der unbewehrten Platten. Die sich aus Rißlänge und Rißbreite ergebende Rißfläche bzw. Rißöffnung ergibt damit nur etwa $1/15$ des Wertes der übrigen Platten.

Da bei der Schadensauswertung im wesentlichen nur Bruchrisse erfaßt wurden, kann mit den getroffenen Feststellungen auf ein günstiges Verhalten der bewehrten Fahrbahnkonstruktion geschlossen werden. Durch die Bewehrung wird das Aufreißen von Haarrissen weitgehend verhindert. Hierdurch wird das Eindringen, insbesondere von Niederschlagswasser, unterbunden, und die Fahrbahndecke wie auch die Tragschichten werden vor weiteren Verwitterungseinwirkungen geschützt.

Innerhalb der unbewehrten Fahrbahnkonstruktionen stellt sich mit Ausnahme der Rißbreite eine gleichbleibende Reihenfolge der Versuchsabschnitte 4 - 2 - 5 - 3 ein. Etwa gleich gut haben sich die Abschnitte 4 – Verfestigung mit Bitumenemulsion – und 2 – Verfestigung mit Portlandzement – gehalten. In größerem Abstand folgen die Versuchsabschnitte 5 – mechanische Verfestigung – und 3 – Verfestigung mit Traßzement, wobei besonders der deutliche Abfall des Abschnitts mit Traßzementverfestigung gegenüber dem mit Portlandzement überrascht, nachdem im Abschnitt 6.2.1 von den betontechnologischen Eigenschaften der Verfestigungen her keine Unterschiede festgestellt werden konnten.

Die so gewonnene Reihenfolge stimmt auch mit dem im ersten Versuchsbericht ermittelten Schadenswert 1954–1958 überein, die Schadenswerte haben sich etwa verdoppelt.

* siehe Originalbericht [13]

Tab. 2 Rangfolge der Schadensauswertungen nach den Deckenstärken

Abschnitt		Rißzahl		Rißlänge		Rißfläche		Rißöffnung		mittlere Rißbreite		Schadenswert		
		Deckenstärke D	je 6 Platten	D	je 6 Platten [m]	D	je 100 m Fahrspur [m²]	D	je 100 m Fahrspur [mm]	D	[mm]	D	Wert	1954 bis 1958
gut	1.	22 bew.	1,7	22	3,6	22	0,0035	22	0,93	22	0,58	22	2,9	1,0
	2.	18	8,0	20	25,54	16	0,0690	16	1,840	16	1,62	20	29,2	21,0
	3.	20	8,25	18	25,64	18	0,0913	18	2,434	18	2,09	18	33,4	14,0
schlecht	4.	16	9,25	16	26,53	20	0,0976	20	2,601	20	2,33	16	37,4	16,0

6.2.5.1.2 Auswertung nach Deckenstärken

In Anlage 35* wurden die Unterabschnitte mit gleicher Deckenstärke zusammengefaßt und hierfür die entsprechend oben betrachteten Werte aufgestellt. In Tab. 2 werden die so ermittelten Daten für die Platten gleicher Stärke ihrer Rangfolge nach geordnet angeführt.

Die 22 cm starken bewehrten Platten zeigen auch so, entsprechend 6.2.3.1, ein deutlich günstigeres Schadensverhalten als die unbewehrten Abschnitte auf den verfestigten Unterbauten. Hinsichtlich Rißzahl, Rißlänge und Schadenswert würden die unbewehrten Platten mit 20 cm Stärke besser abschneiden als die 16 und 18 cm starken Bauweisen. Die mittlere Rißbreite liegt bei den 20 cm starken Platten jedoch erheblich über den 16 cm starken Platten, so daß die Rißfläche bzw. Rißöffnung für die 20-cm-Platten die ungünstigsten Werte annehmen. Da die Rißzahlen, Rißlängen und Schadenswerte für alle drei Deckenstärken nur geringere Unterschiede aufweisen, scheint eine vergleichende Beurteilung nur an Hand von Werten sinnvoll zu sein, die auch die Rißbreite berücksichtigen.

Da die Zusammenfassung von Platten, die zwar gleiche Stärken aufweisen, aber auf verschiedenen Tragschichten gelagert sind, schon problematisch erscheint, was sich auch in der geringen Aussagekraft der so ermittelten Werte ausdrückt, kann eine Aussage über die Haltbarkeit verschiedener Plattenstärken nur bedingt getroffen werden.

Bezüglich des Schadenswertes hatten sich die 20 cm starken Platten im Zeitraum 1954 bis 1958 im Gegensatz zu den neuen Erhebungen am ungünstigsten verhalten.

Es kann heute wohl gesagt werden, daß sich die 20 cm starken unbewehrten Betonplatten keinesfalls besser bewährt haben als die 16 bzw. 18 cm starken.

6.2.5.2 Zeit- und belastungsabhängige Darstellung

Entsprechend dem Setzungsverhalten sollten auch die Plattenschäden in Abhängigkeit von der Benutzungszeit und der Fahrzeugübergänge dargestellt werden. Zur Auswertung standen hierzu neben der Aufnahme Herbst 1967 Risseaufnahmen von Herbst 1955, Sommer 1956 und Herbst 1958 zur Verfügung. Eine Auswertung nach Versuchsunterabschnitten ließ sich auch hierfür wegen zu geringer Plattenanzahl nicht sinnvoll durchführen. Es erfolgte daher lediglich eine getrennte Schadensauswertung der 5 Hauptabschnitte. Die Summe der Schäden je Abschnitt sind in Tab. 3 dargestellt und in Abb. 9 über der Zeit aufgetragen, ebenfalls aufgetragen ist die Summenlinie der Fahrzeugübergänge.

Tab. 3 Summe der Schäden

Abschnitt	Summe der Schäden			
	Herbst 1955	Sommer 1956	Herbst 1958	Herbst 1967
1	0,6	0,6	1,0	2,9
2	3,4	6,0	10,5	18,7
3	11,0	14,0	22,5	37,3
4	1,8	5,2	7,0	17,0
5	3,1	7,4	11,0	27,0

Bei Betrachtung der Abb. 9 wird ersichtlich, daß bereits nach ca. vierjähriger Liegezeit abgeschätzt werden kann, wie sich eine starre Deckenkonstruktion bezüglich der Schäden

* siehe Originalbericht [13]

über längere Zeiträume verhalten wird. Konstruktionen mit relativ starken Schadensmerkmalen nach ca. 3–4 Jahren scheinen demnach auch nach langjähriger Liegezeit relativ schlecht abzuschneiden. Nach den anfänglichen, wohl insbesondere temperatur- und lagerungsbedingten Schäden scheint die weitere Entwicklung der Schäden einen gewissen Zusammenhang mit der Verkehrsbelastung (Summe der Fahrzeugübergänge) zu zeigen. Eindeutige Aussagen hierüber sind wohl erst durch umfangreichere Auswertungen größerer Streckenabschnitte zu erreichen.

6.2.6 Ebenheitsmessungen

Die unerwartet stark ansteigende Entwicklung des Kraftfahrzeugverkehrs erfordert Verkehrsflächen mit optimalem Gebrauchswert. Dieses Kriterium ist in technischer Hinsicht in erster Linie eine Funktion der Fahrbahneigenschaften einer Straße, die in der Oberflächenbeschaffenheit, also der Ebenflächigkeit, Griffigkeit, Rauhigkeit und Helligkeit zum Ausdruck kommt. Während jedoch die Griffigkeit und Helligkeit von der Verschleißschicht abhängen, wird die Ebenflächigkeit auch von der Art und Güte der Tragschichten und des Untergrundes beeinflußt. Der Ebenheitsgrad einer Straße ermöglicht daher Rückschlüsse auf das Verhalten der gesamten Fahrbahnkonstruktion.
Wie in Kapitel 6.2.4 dargestellt, wurde zunächst versucht, über Setzungsmessungen zu einer Aussage über die Ebenheit der einzelnen Versuchsabschnitte zu gelangen. Auf Grund der für eine statistische Auswertung geringen Anzahl von Meßdaten und der geschilderten meßtechnischen Schwierigkeiten ließen sich hieraus jedoch keine eindeutigen Aussagen gewinnen. Die in Kapitel 6.2.5 aufgenommenen Deckenschäden ließen gewisse Rückschlüsse auf die Haltbarkeit der verschiedenen Konstruktionen zu. Durch Ebenheitsmessungen sollte nun festgestellt werden, inwieweit sich die konstruktionsbedingten Schäden auf die Befahrbarkeit der Straße auswirken.
Die Ebenheitsmessungen wurden mit dem Ebenheitsprüfgerät Planograf nach Dr. KOHLER durchgeführt. Nach [5] wurde in umfangreichen Versuchen zumindest für Vertiefungen eine zufriedenstellende Übereinstimmung der Meßwerte mit denen am Viermeter-Richtscheit festgestellt. In einem allgemeinen Runderlaß des Bundesministers für Verkehr wurde es daher als Abnahmegerät für die Prüfung der Ebenheit von Fahrbahndecken auf Bundesstraßen zugelassen. Der besondere Vorteil dieses Gerätes ist die kontinuierliche Messung bei einer Geschwindigkeit von ca. 3 km/h und die Registrierung mit einer Schreibvorrichtung.
Mit dem Planografen wurden zwei Meßlinien untersucht:

1. Fahrspur Aldekerk—Wachtendonk –
   die rechte Reifenspur in einem Abstand von ca. 0,90 m vom äußeren Fahrbahnrand.
2. Fahrspur Wachtendonk—Aldekerk –
   die linke Reifenspur in einem Abstand von ca. 1,00 m von Fahrbahnachse.

Die Registrierstreifen sind in Anlage 37* für die einzelnen Versuchsabschnitte dargestellt. Die Aufschriebe enthalten neben der registrierten Unebenheitslinie die Nullinie und die Toleranzlinie für 4 mm Unebenheit. Diese Vergleichslinie wurde gewählt, weil dieser Unebenheitswert heute zumeist bei der Abnahme klassifizierterer Straße zugrunde gelegt wird.
Um zu einer zahlenmäßigen Aussage zu gelangen, wurden im Maßstab der Aufzeichnung die Abschnittslängen ausgemessen, für die sich eine Unebenheit von über 4 mm ergab. Diese Längen f (in mm) wurden für die Unterabschnitte aufaddiert und in Anlage 38*

* siehe Originalbericht [13]

dargestellt. Für die gleichbleibenden Unterbauabschnitte 2–5 sind die Summenwerte $\Sigma\Sigma f = \Sigma f_{16} + \Sigma f_{18} + \Sigma f_{20}$ und die auf 100 m Fahrspur bezogenen Werte $U = \dfrac{\Sigma\Sigma f}{\Sigma l} \cdot 100$ angegeben. Ebenso wurde für die Werte in Abhängigkeit von der Plattenstärke verfahren. Anlage 38* enthält auch die Werte für den 22 cm starken bewehrten Versuchsabschnitt 1. Mit den Einzelwerten für die Unterabschnitte läßt sich keine eindeutige Aussage treffen. Betrachtet man zunächst zusammenfassend die Platten gleicher Stärke, so liegen die Werte U der Abschnitte mit 22 cm starken bewehrten Platten und die 16 cm starken unbewehrten Platten mit 49,2 am günstigsten. Die 18 cm starken Platten schneiden am schlechtesten ab ($U = 54{,}3$), während die 20 cm starken Platten mit $U = 51{,}7$ wieder günstiger liegen.

Diese Auswertung für Platten gleicher Stärke kann jedoch nur mit Vorsicht betrachtet werden, weil die Werte der Unterabschnitte mit verschiedenen Unterbauten sehr stark schwanken.

Betrachtet man die Abschnitte mit gleichem Unterbau, so zeigen die Einzelwerte der Unterabschnitte geringere Schwankungsbreiten. Die Werte U (Spalte 8, Anl. 38*) ergeben folgende Reihenfolge der Ebenheiten:

Rangfolge	Versuchsabschnitt	Unebenheitswert U
1	3	39,2
2	4	48,3
3	1	49,2
4	2	49,8
5	5	69,5

Da obige Auswertung in keiner Weise die Größe der Unebenheiten, d. h. das Maß der Überschreitung der 4-mm-Toleranzlinie, berücksichtigt, wurde noch eine weitere Zahlengröße für die Unebenheit ermittelt. Dazu wurden die Abschnittslängen f im Aufzeichnungsmaßstab jeweils mit dem Maximalwert d der zugehörigen Überschreitung der 4-mm-Linie multipliziert (Anlage 39*). Diese Flächenwerte $F = f \cdot d$ wurden ebenfalls für die Unterabschnitte aufaddiert und in Anlage 39* dargestellt. Ebenso wurden die Summenwerte $\Sigma\Sigma f \cdot d$ und die auf 100 m Fahrspur bezogenen Werte U für die Hauptunterbauabschnitte bzw. für die Platten gleicher Stärke ermittelt.

Aus den Einzelwerten für die Unterabschnitte können auch bei dieser Auswertung keine Tendenzen über die Bewährung verschiedener Plattenstärken gewonnen werden. Bei den Werten U' für die Zusammenfassung von Platten gleicher Stärke würden neben den bewehrten 22 cm starken Platten zahlenmäßig die 18 cm starken Platten am günstigsten abschneiden. Da jedoch der unverhältnismäßig hohe Wert der 20 cm starken Platten im Abschnitt 5 diesen Mittelwert sehr stark beeinflußt, kann dieser Aussage kein großes Gewicht beigemessen werden.

Ein anschauliches Bild scheint sich jedoch bei der Betrachtung der Unterbauabschnitte 1–5 zu ergeben. Die Rangfolge der Abschnitte samt den Zahlenwerten stellt sich wie folgt dar:

Rangfolge	Versuchsabschnitt	Unebenheitsflächenwert U'
1	3	142,6
2	1	143,8
3	2	153,9
4	4	181,9
5	5	306,5

* siehe Originalbericht [13]

Zusammenfassend ist auszuführen:
Hinsichtlich der Unebenheitswerte U liegt der Versuchsabschnitt 3 – Verfestigung mit Traßzement – mit Abstand am günstigsten. Mit Abstand am schlechtesten schneidet der Versuchsabschnitt 5 – Verfestigung mit Tonzusatz – ab. Die Abschnitte 4, 1 und 2 liegen sehr dicht beisammen.
Die Unebenheitsflächenwerte ergeben kein grundsätzlich anderes Bild. Der Versuchsabschnitt 3 ergibt auch hier den günstigsten Wert (142,6), ihm folgen jedoch sehr dicht die Abschnitte 1 und 2. Der Wert U' der Platten des Abschnitts 5 mit 306,5 steigt auch hier etwa auf das Doppelte des Wertes für den Abschnitt 3 an.

6.2.7 Zusammenfassung

In den 13 Jahren seit Eröffnung der Versuchsstrecke haben in beiden Fahrtrichtungen zusammen ca. 20,8 Mill. Pkw-E bzw. 3,6 Mill. Lastzüge und Lastkraftwagen (über 5 t) die Versuchsstrecke passiert. Bei sämtlichen Versuchsabschnitten handelt es sich um frostsichere Bauweisen (frostsichere Konstruktionshöhe über 70 cm). Die Versuchsstrecke liegt in einer für deutsche Verhältnisse relativ milden Klimazone mit ca. 56 Frost- bzw. 14 Eistagen (langjähriges Mittel).
Die Versuchsabschnitte (Abb. 2) weisen verschiedene Unterbauarten auf. Der Abschnitt 1 besteht aus 22 cm starken bewehrten Betonplatten, die direkt auf das frostsichere Kiessandmaterial der Dammschüttung aufgelagert wurden.
Die Verfestigungen der Abschnitte 2 und 3 mit Portland- bzw. Traßzement weisen praktisch gleiche Festigkeitswerte in einem Vertrauensbereich von 145 bis 200 kp/cm² (28-Tage-Würfeldruckfestigkeit) und gleiche Rohdichte 2,07–2,20 g/cm³ auf. Ihre Dicke bleibt im Mittel mit 9,6 cm geringfügig unter der vorgesehenen Sollstärke von 10 cm.
Die Tragschicht des Unterbauabschnittes 4 – Verfestigung mit Bitumenemulsion – erweist sich gemäß RU bit 60 als mittelkörnige Tragschicht Type B, sie zeigt jedoch, vermutlich wegen zu geringen Füllergehalts, eine geringe Standfestigkeit. Über die Verfestigung des Abschnitts 5 – mit Tonzusatz – liegen keine neueren Ermittlungen vor, sie wurde aus dem Kiessandmaterial aus dem Eyller See (45%) unter Zugabe von 45 Gew.-% Kieskorn 7/30 und 10% Ton hergestellt.
Die nach 13jähriger Liegezeit festgestellten Würfeldruckfestigkeiten der Betondecken sämtlicher Abschnitte sind in statistischem Sinne als gleich zu betrachten. Die arithmetischen Mittelwerte der Versuchsreihen für die fünf Hauptabschnitte liegen im Bereich von 320 bis 390 kp/cm², die Vertrauensbereiche für eine 95prozentige statistische Sicherheit überschneiden sich grundsätzlich.
Die vorgefundenen Plattendicken innerhalb der Versuchsabschnitte 2–5 überschreiten die geforderten Sollwerte von im Mittel 16, 18 und 20 cm geringfügig um 0,4–0,8 cm. Im Abschnitt 1 betragen die Plattenstärken im Mittel 22,6 cm.
Aus den Absolutwerten der durch Feinnivellement ermittelten Setzungen ließ sich statistisch kein quantitativer Unterschied ermitteln. Aus der Streuung der Setzungswerte – ausgedrückt durch die doppelte Standardabweichung – ließ sich sogar ein günstigeres Setzungsverhalten der 16 cm starken Platten gegenüber den 20 cm starken ermitteln. Die 22 cm starken bewehrten Platten des Abschnitts 1 zeigen keine gleichmäßigeren Setzungen als die unbewehrten Platten.
Werden die fünf Hauptabschnitte verglichen, so scheinen die Setzungswerte im Abschnitt 2 am wenigsten zu streuen, ein sehr ungünstiges Verhalten zeigen die Platten des Abschnitts 4.
Was die Schäden in Form von Rissen und Eckbrüchen anbelangt, so kann die bewehrte Platte von 22 cm Stärke (Abschnitt 1) einwandfrei als die günstigste der untersuchten

Konstruktionen herausgestellt werden. Unter den unbewehrten Konstruktionen haben die Abschnitte 4 bzw. 2 – Verfestigung mit Bitumenemulsion bzw. Portlandzement – am besten abgeschnitten. Erwartungsgemäß schlecht erwies sich der Abschnitt 5 – mechanische Verfestigung unter Tonzusatz. Überraschend ist das sehr schlechte Abschneiden des Abschnitts 3 – Verfestigung mit Traßzement nachdem die betontechnologischen Eigenschaften der Verfestigung zu denen der Portlandzementvermörtelung keine Unterschiede zeigten. Wider Erwarten wurde das Ergebnis der Schadensauswertung durch die Ebenheitsmessungen mit dem Planografen nicht ganz bestätigt. Mit Abstand am »unebensten« hat sich zwar der Abschnitt 5 erwiesen, was die obigen Werte bestätigen würde. Die günstigsten Ebenheitsverhältnisse erbrachte jedoch der Versuchsabschnitt 3. Für die Abschnitte 1, 2 und 4 scheint sich hinsichtlich des Unebenheitswertes U und des Unebenheitsflächenwertes U' keine eindeutige Reihenfolge abzuzeichnen. Da der Unebenheitsflächenwert U' sowohl die Streckenlänge mit Unebenheiten > 4 mm als auch die Maximalwerte der Unebenheiten zum Ausdruck bringt, scheint dieser Wert die Frage der Ebenheit besser zu kennzeichnen. Der Versuchsabschnitt 1 bzw. 2 ist dann ähnlich günstig wie der Abschnitt 3 zu beurteilen, der Abschnitt 4 liegt jedoch etwas ungünstiger. Letztere Unebenheiten sind jedoch wesentlich geringer als beim Abschnitt 5.

Bei der Beurteilung der Unebenheiten muß allerdings eingehend darauf hingewiesen werden, daß es nach wie vor nicht gelungen ist, ein Gerät zu entwickeln, mit dem eine rationelle, objektive Auswertung der Unebenheiten möglich ist. Die hier gewählten Wege sind ebenso wie anderwärts beschriebene Auswerteverfahren, nur sehr bedingt als objektive Maßstäbe für die Ebenheitsverhältnisse einer Straße zu betrachten.

Das Befahren der Versuchsstrecke ergab mit Ausnahme des Abschnittes 5 ein »zufriedenstellendes Fahrgefühl«; diese Abschnitte können zumindest subjektiv als »gebrauchsfähig« beurteilt werden.

Bewertet man die Abschnitte abschließend unter dem Aspekt etwa gleicher Befahrbarkeit, so können die bewehrten Fahrbahnplatten (Abschnitt 1) wegen ihrer »Rissefreiheit« am günstigsten bewertet werden. Es ist zu erwarten, daß diese Platten die größte Lebensdauer zeigen werden. Unter den unbewehrten Plattenkonstruktionen hat Abschnitt 2 mit Verfestigung aus Portlandzement bei allen Untersuchungen günstig abgeschnitten, ausgesprochen mangelhaft ist die mechanische Verfestigung unter Zusatz von Ton, insbesondere wegen der sehr mangelhaften Ebenheit, zu beurteilen. Nicht eindeutig einzureihen sind die Abschnitte 3 und 4; hinsichtlich der Schäden hat sich der Abschnitt 4 relativ gut gehalten, die Ebenheit ergab für Abschnitt 3 ein besonders günstiges Verhalten. Beide Unterbauweisen – Verfestigung mit Traßzement bzw. mit bituminösen Bindemitteln – können wohl mit der portlandzementverfestigten Tragschicht gleichgesetzt werden.

Der elastische bituminöse Unterbau scheint durch seine besonderen Eigenschaften die Bruchgefahr zu mindern, weil hierdurch eine durchgehende Auflagerung der Betonplatte weitgehend als gesichert gilt. Diese Erkenntnis hat sich zwischenzeitlich im Betondeckenbau bereits durchgesetzt.

Es konnte keine eindeutige Aussage darüber getroffen werden, ob dickere (20 cm starke) Platten sich als besser erweisen als dünnere (16 cm). Was die Aussagekraft der gewonnenen Ergebnisse anbelangt, so wird auf das Kapitel 6.3.3 verwiesen.

Für das Setzungsverhalten und die Plattenschäden wurde versucht, trotz gewisser Fehlerhaftigkeiten in den früheren Messungen, die Entwicklung als Funktion der Zeit bzw. der Verkehrsbelastung darzustellen. Trotz der Fragwürdigkeit früherer Meßergebnisse scheint sich bei den Plattensetzungen anzuzeigen, daß die Hauptsetzungen im ersten Jahr auftreten und dann etwa linear mit der Zeit zunehmen. Die Entwicklung der Plattenschäden scheint nach anfänglichen, wohl rein temperaturbedingten Schäden, eine gewisse Analogie zu den erfolgten Achsübergängen zu zeigen, d. h., die Schäden nehmen mit den Achsübergängen zu.

Sowohl beim Setzungsverhalten wie auch bei den Deckenschäden lassen sich die Verhaltensweisen der Konstruktionen nach langer Verkehrseinwirkung in ihrer Relation zueinander bereits nach wenigen Jahren abschätzen, endgültige Größen für die längere Benutzungszeit lassen sich jedoch wohl kaum nach kürzeren Zeiträumen angeben.

6.3 Schwarzdeckenteil

Wie bereits in Abschnitt 2 dargestellt, besteht der Schwarzdeckenteil hinsichtlich seines Unterbaues aus fünf Abschnitten (Bau-km 1 + 200 bis km 2 + 700 entsprechend Landes-km 13 + 150 bis km 14 + 650), siehe Abb. 3.

Im Jahre 1963/64 wurden wegen der festgestellten Unfallhäufigkeit infolge Glätteneigung der Deckschicht ein Tapisable-Überzug von km 1 + 250 bis km 2 + 700 aufgebracht (siehe Abschnitt 5.2).

Für die Deck- und Binderschichten werden im folgenden nun die technologischen Eigenschaften und Veränderungen der aus Bohrkernen gewonnenen bituminösen Massen festgestellt. Mit Hilfe der Ebenheitsmessungen sollte trotz des nachträglich aufgebrachten Überzuges ein Maß für die derzeitige Befahrbarkeit der Versuchsabschnitte bzw. gegebenenfalls Rückschlüsse auf die Verhaltensweise unterschiedlicher Konstruktionen gewonnen werden.

6.3.1 *Eigenschaften der Deck- und Binderschichten*

6.3.1.1 Schichtstärken

6.3.1.2 Kornzertrümmerungen

6.3.1.3 Zusammensetzung der Deck- und Binderschichten

siehe Originalbericht [13]

6.3.1.4 Zusammenfassung der technologischen Eigenschaften

Die Gesamtstärken der Deckschichten erfüllen bei statistischer Interpretation die Sollwerte, nur in Abschnitt 5 ergeben sich Abweichungen von ca. +10%. Nach visueller Beurteilung von Mantelflächen scheinen die »Asphaltbetone« der Deckschicht in den Versuchsabschnitten 1 und 5 merkbar höhere Kornzertrümmerungen aufzuweisen, wenngleich auch eindeutige Aussagen nicht möglich sind, weil Abschnitt 1-3 unter Zusatz von 32 bis 46 Gew.-% Kalkstein zur Aufhellung hergestellt wurden. Die durch Extraktion gewonnenen Werte lassen keine differenzierte Aussage für die verschiedenen Abschnitte zu, weil sie statistisch gesehen eine zu geringe Probenanzahl darstellen und weitreichendere Untersuchungen im Rahmen dieses Forschungsauftrages nicht möglich waren. Außerdem müßten, um die Veränderungen als Funktion der verschiedenen Unterbauweisen darstellen zu können, Prüfergebnisse des Urzustandes vorliegen.

Für die in Abschnitt 5.2 angeführten Glättebildungen konnte keine eindeutige Klärung herbeigeführt werden, hierfür wären ebenfalls umfassendere Prüfungen notwendig.

6.3.2 *Ebenheitsmessungen*

Entsprechend Abschnitt 6.2.4 wurden auch für die Versuchsabschnitte im Schwarzdeckenteil Ebenheitsmessungen mit dem Planografen durchgeführt. Wie jedoch bereits mehrfach angedeutet, ist eine Beurteilung der verschiedenen Tragschichten auf Grund der Deckenebenheiten nur bedingt möglich, weil in den Jahren 1963/64 ein Tapisable-Teppich zur Verbesserung der Griffigkeit aufgebracht wurde. Bei der Auswertung wurde davon ausgegangen, daß durch die Aufbringung des dünnen Tapisable-Belags lediglich gewisse Unebenheiten geringfügig ausnivelliert werden, jedoch nach kurzfristiger Wiederbenutzung sich die vom Unterbau und den Tragschichten herrührenden Unebenheiten an der Oberfläche wieder im alten Umfange abzeichnen. Für die fünf Versuchsabschnitte sind die Meßaufzeichnungen getrennt für die Fahrtrichtungen Aldekerk—Wachtendonk – rechte Reifenspur – (Anlage 60*) und Wachtendonk—Aldekerk – linke Reifenspur – (Anlage 61*) dargestellt.

Im Versuchsabschnitt 5 (siehe Anlage 60*) konnte wegen meßtechnischer Schwierigkeiten ein Teilstück nicht ausgewertet werden. Da jedoch die Meßwerte auf die Längeneinheit bezogen werden, ergeben sich keine Nachteile in der Auswertung.

Entsprechend wie im Betonteil erfolgte die Auswertung nach den Unebenheitswerten U und den Unebenheitsflächenwerten U' (siehe Anlagen 62* und 63*). In Anlage 61* zeigt sich im Bereich einer Brücke eine große Unebenheit, die mit ungleichen Setzungen im Übergangsbereich zum Damm erklärbar ist. Dieser Wert wurde daher in den Auswertungen nur bei den in Klammern gesetzten Werten mitberücksichtigt.

Die Ergebnisse stellen sich ihrer Rangfolge nach wie folgt dar:

Rangfolge	Versuchs-abschnitt	Unebenheitswert U	Unebenheits-flächenwert U'
1	5	0,4 (1,4)	0,3 (8,3)
2	4	3,6	2,3
3	2	8,9	12,9
4	3	11,4	22,3
5	1	22,6	44,5

Diese Rangfolge bestätigt grundsätzlich auch die visuelle Beurteilung der Meßaufzeichnungen. Bezüglich der Befahrbarkeit mit dem Kraftfahrzeug zeigten sich grundsätzlich keine merkbaren Unterschiede.

Unter Berücksichtigung des einleitend Gesagten schneidet also der Versuchsabschnitt 5 – Schüttpacklage – am besten ab.

Überraschend ist jedoch das sehr gute Abschneiden des Versuchsabschnitts 4 – Setzpacklage direkt auf Planum – gegenüber Abschnitt 2 bzw. 3, wo unter der Setzpacklage noch eine bituminöse Verfestigung bzw. ein Kiesbett angebracht ist und wo die Gesamtstärke 50 cm gegenüber 45 cm bei Abschnitt 4 beträgt.

Sehr schlecht schneidet der Versuchsabschnitt 1 mit Betonunterbau ab. Aus der Form der Unebenheitslinie kann geschlossen werden, daß im Laufe der Zeit im Unterbaubeton eine Vielzahl größerer klaffender Risse entstanden ist, an denen Vertikal- bzw. Horizontalverschiebungen in einer Größenordnung stattfinden, die von der Deckschicht nicht mehr voll ausgeglichen werden können.

Im 1. Versuchsbericht 1954–1958 [1], [2], erwies sich zwar der Zementbetonunterbau hinsichtlich der mittleren Ebenheitsänderungen als am günstigsten, es ist jedoch durchaus möglich, daß sich die Verschiebungen erst später im heute aufgezeigten Maße auswirken. Grundsätzlich zeigten sich damals keine gravierenden Unterschiede zwischen den verschiedenen Versuchsabschnitten.

* siehe Originalbericht [13]

6.3.3 Zusammenfassung

An den Asphaltfeinbetonschichten der Versuchsabschnitte 1–3, die einen Zusatz von 32 bis 46 Gew.-% Kalkstein aufweisen, zeigten sich äußerlich wesentlich höhere Kornzertrümmerungen. Dies scheint sich auch in der Siebanalyse zu zeigen, die Asphaltfeinbetonschichten aus reinem Basalt im Splittbereich zeigen einen höheren Splittanteil und niedrigere Kornzertrümmerung. Diese Aussage ist jedoch nur bedingt haltbar, weil über die verschiedenen Bauweisen weder Rezepturen noch Untersuchungen des ursprünglich eingebauten Materials vorliegen.

Bei Umrechnung der Kornzertrümmerung auf 100prozentigen Basaltanteil würden die Kornzertrümmerungen in Abschnitt 1 und 5 am ungünstigsten liegen,

Bei den Ebenheitsmessungen wurde auf die Aussagekraft hingewiesen, die wegen der nachträglichen Aufbringung des Tapisable-Teppichs in Frage gestellt wird. Der Versuchsabschnitt 5 – Unterbau aus Schüttpacklage – dürfte hierbei am günstigsten abschneiden. Der Abschnitt 1 mit Betonunterbau ist wegen der vermutlich starken Bildung von klaffenden Rissen und daraus resultierenden Verschiebungen als ungenügend zu beurteilen. Die Setzpacklagen der Abschnitte 2–4 können bei sachgemäßer Herstellung vom technischen Standpunkt durchaus als brauchbare Bauweisen bezeichnet werden. Daß sie heute nicht mehr angewandt werden, liegt in fertigungstechnischen und wirtschaftlichen Gesichtspunkten begründet.

Eine Abhängigkeit der Lebensdauer von den Unterbaustärken konnte nicht festgestellt werden. Die Abschnitte 5 bzw. 4 mit den geringsten Stärken der oberen Tragschichten (43 bzw. 45 cm) zeigten die günstigsten Ebenheiten. Dies mag darin begründet sein, daß durch die untere Tragschicht in Form eines Frostschutzkieses eine frostsichere Ausbautiefe von mindestens 93 cm erreicht wurde. Es ist heute weitgehend bekannt, daß in Gegenden mit Frosteinwirkung ein »frostsicherer« Aufbau der Gesamtkonstruktion wesentlich bedeutender für die Lebensdauer der Straße sein kann wie der spezielle Aufbau oder die Dickenabstufung der oberen Tragschichten.

7. Schlußbetrachtung

7.1 Zusammenfassung

Zur Beobachtung von Deckenschäden und Verhaltensweisen nach längerer Verkehrseinwirkung wurde die Versuchsstrecke im Zuge der Bundesstraße B 60 zwischen Aldekerk und Wachtendonk erneut untersucht, weil die hier vorhandenen Bauweisen bereits 1954–1958 Gegenstand eines Forschungsauftrages waren [1], [2]. Bei der Themenstellung des Forschungsauftrages wurde vorausgesetzt, daß die vorhandenen Daten und Meßwerte des Untergrundes, Unterbaus und der Deckschichten ausreichend sind um mit Hilfe der erneuten Messungen Veränderungen feststellen und sie in Abhängigkeit von den Bauweisen darstellen zu können. Hieraus waren Rückschlüsse auf die Eignung der Konstruktionen unter definierten äußeren Belastungen zu ziehen.

Die Versuchsstrecke ist in die Abschnitte Betondeckenteil und Schwarzdeckenteil gegliedert. Beide Teile unterteilen sich in je fünf Versuchsabschnitte mit unterschiedlichen Tragschichten. Im Betondeckenteil besteht ein Versuchsabschnitt aus 22 cm starken bewehrten Platten, die direkt auf das Planum aufgelagert sind, die vier übrigen unterscheiden sich hinsichtlich der unteren Tragschichten (verschiedene Verfestigungen nach dem Mixed-in-Plant-Verfahren). Innerhalb dieser Versuchsabschnitte sind die Plattenstärken mit 16, 18 und 20 cm abgestuft.

Bei eingehender Analyse der früheren Meßdaten mußten erhebliche Unzulänglichkeiten festgestellt werden, die eine einwandfreie Auswertung früherer Untersuchungen beinahe unmöglich machten. Da insbesondere bei den Setzungsmessungen auf frühere Meßwerte Bezug genommen werden mußte und dieselben mit vielfältigen systematischen wie auch zufälligen Fehlern behaftet sind, die sich nicht mehr vollständig eliminieren lassen, sind auch die hieraus resultierenden Daten nur bedingt interpretierbar. Während der Durchführung der Außenarbeiten traten noch verschiedene technische wie organisatorische Schwierigkeiten auf.

Der Unterbau ist im Bereich der Versuchsstrecke als frostsicher zu bezeichnen.

Die Versuchsstrecke war im Zeitraum bis zu den Erhebungen im Herbst 1967 einer Gesamtbelastung von 3,6 Mill. Lastkraftwagen bzw. 20,8 Mill. Pkw-Einheiten unterworfen.

Im Betondeckenteil konnte herausgestellt werden, daß die 22 cm starken, bewehrten Platten sich unter den Belastungen aus verkehrlichen und außerverkehrlichen Einflüssen günstiger verhalten als die unbewehrten Konstruktionen, die zudem auf Bodenverfestigungen aufgelagert sind. Bei den Abschnitten mit unbewehrten Fahrbahnplatten (auf verschiedenen Bodenverfestigungen) erwies sich eine Unterlage aus Portlandzementverfestigungen als am wirksamsten, die Verfestigungen mit Traßzement und Bitumenemulsion zeigten jedoch ein ähnliches Verhalten. Ungünstig schnitt die mechanische Bodenverfestigung mit Tonzusatz ab.

Eine eindeutige Abhängigkeit der Verhaltensweise unbewehrter Platten von der Plattenstärke konnte nicht ermittelt werden.

Im Schwarzdeckenteil läßt ein abschließendes Urteil sich nur bedingt abgeben. Die Schüttpacklage kann wohl als die beste der hier vorhandenen Konstruktionen erachtet werden. Der starre Betonunterbau hat sich nicht bewährt. Die Setzpacklagen, die vor allem aus fertigungstechnischen Gesichtspunkten heute nicht mehr angewandt werden, können bei sachgemäßer Ausführung befriedigende Ergebnisse bringen.

In der Haltbarkeit zeigte sich in den vorhandenen Dimensionen keine Abhängigkeit von den Dickenabstufungen der oberen Tragschichten. Dies kann wohl auf die frostsichere Gesamtkonstruktionsstärke von mindestens 90 cm im bituminösen Versuchsteil zurückgeführt werden.

Aus den Erfahrungen, die bei der Durchführung und Auswertung der Messungen an der Versuchsstrecke gesammelt wurden, sollen einige Empfehlungen für ähnliche Vorhaben angegeben werden.

7.2 Ausblick

Die Vorbereitung und der Bau einer Versuchsstrecke ist außerordentlich komplex. Ob eine besondere Strecke mit reinem Testverkehr, wie etwa beim AASHO-ROAD-TEST, oder ein Streckenabschnitt im öffentlichen Straßennetz mit »natürlichem« Mischverkehr gewählt wird, mag von den speziellen Anforderungen und Zielen der Forschungsarbeit abhängen. Man sollte sich jedoch grundsätzlich über die Vor- und Nachteile beider Methoden im klaren sein. In Deutschland scheint sich die Tendenz durchzusetzen, Versuchsabschnitte innerhalb des öffentlichen Streckennetzes anzulegen. Hierdurch können bei einer sinnvollen Auswahl der Strecken die verschiedensten Parameter, die die Haltbarkeit einer Straßenkonstruktion beeinflussen, wie z. B. Klima, Untergrund, Verkehrsbelastung, Bauweisen, berücksichtigt werden.

Die Versuchsstrecke ist so zu legen, daß jederzeit die notwendigen Messungen ohne Behinderung durchgeführt werden können. Dazu muß eine Entlastungsstrecke vorhanden sein, die zu allen Zeiten ohne besondere Verkehrsbehinderungen den vollen Verkehr, der sonst die Versuchsstrecke belastet, aufnehmen kann.

Der anstehende Untergrund ist in seinen Kennziffern bereits vor dem eigentlichen Baubeginn sehr genau zu erfassen und während der Weiterbearbeitung genau zu verfolgen. Für den Boden sind die Kennwerte, wie Kornaufbau, Konsistenzgrenzen, Proctordichte und Tragfähigkeitswerte, z. B. mit dem Plattendruckversuch genau zu ermitteln. Durch Schürfgruben, Bohrungen und Rammsondierungen sind Bodenaufschlüsse bis in größere Tiefen vorzunehmen.

Ist es Ziel der Versuchsstrecke, verschiedene Trag- und Deckschichten zu untersuchen, so ist eine größtmögliche Gleichmäßigkeit des Untergrundes bzw. Unterbaues anzustreben. Empfehlenswert ist die Führung der Gesamtstrecke auf einem Damm möglichst gleichbleibender Höhe, die Trassierungselemente sollten großzügig gewählt sein, damit nicht die Einflüsse von engen Kurvenradien, starken Steigungen und Querneigungen das Bild verschiedener Konstruktionsmethoden verfälschen. Solche Gesichtspunkte gelten naturgemäß nicht, wenn die Verhaltensweisen und Anforderungen einer Straße in Abhängigkeit von gerade diesen Parametern ermittelt werden sollen.

Für die oberen und unteren Tragschichten sowie Deckschichten sind ebenfalls alle Materialkennwerte (z. B. Sieblinien, Bindemittelgehalt und Tragfähigkeitswerte, Festigkeitseigenschaften) sehr genau zu ermitteln bzw. vorzuschreiben und während der Bauausführung zu verfolgen. Aus diesem Grunde sollten nur Baufirmen, die eine ordnungsgemäße Ausführung sicherstellen, eingesetzt werden.

In die verschiedenen Schichten müßten z. B. Verformungsmeßgeräte und Temperaturfühler eingebaut werden, womit Belastungs- bzw. Verformungsverläufe und thermische Bedingungen der Straßenkonstruktion bereits ab Baubeginn verfolgt werden können.

Für die Aufzeichnungen von Setzungen, insbesondere bei Betondecken, ist ein überprüfbares Festpunktnetz längs der Trasse anzulegen, die Festpunkte dürfen jedoch nicht im Einflußbereich der Dammsetzungen liegen. Das Festpunktnetz muß jederzeit wieder an »feste« Anfangs- und Endpunkte angeschlossen werden können, damit Punkte der Straßenoberfläche in ihrer Höhenlage über Jahre hinweg verfolgt werden können.

Nach Aufbringung der Deckschicht sind statistisch gesicherte Messungen, z. B. Griffigkeits-, Ebenheits- und Tragfähigkeitsmessungen durchzuführen, mit denen zu einem späteren Zeitpunkt durchgeführte Meßungen einwandfrei verglichen werden können. Sehr wichtig erscheint vor allem die Messung der Verformung des Straßenkörpers, z. B. Einsenkungsmessungen (z. B. Benkelman-Balken [6]), weil sich hieraus wichtige Rückschlüsse auf Tragfähigkeit bzw. Lastübertragung der Konstruktion ziehen lassen.

Ein wichtiger Gesichtspunkt, der hier noch anzusprechen wäre, ist die Frage der Probenanzahl bzw. Anzahl der Meßwerte überhaupt. Sie sind so zu wählen, daß mit Hilfe der mathematischen Statistik gesicherte Aussagen getroffen werden können. Damit sich gegebenenfalls mit Hilfe der statistischen Sicherheit differenzierte Aussagen gegenüber einer anderen Grundgesamtheit (z. B. andere Bauweise) ergeben können, ist eine bestimmte Probenanzahl erforderlich, die im wesentlichen vom Streubereich der betreffenden Meßreihe abhängig ist. Es ist jedoch vom heutigen Standpunkt der statistischen Erkenntnisse aus grundsätzlich abzulehnen, daß eine mehr oder minder große Anzahl von Meßwerten trivial gemittelt wird. Dieser Mittelwert erbringt lediglich eine Aussage über die festgestellten Meßwerte, jedoch lassen sich hieraus keinerlei Rückschlüsse auf die Grundgesamtheit, also dem letztlich überhaupt interpretierbaren Merkmal, ableiten. Die statistischen Gesetze sind hierzu in bekannter Weise heranzuziehen.

Aus der statistisch erforderlichen Anzahl der zu entnehmenden Proben ergibt sich zwangsläufig die Größe der Versuchsabschnitte. Ein Versuchsabschnitt, d. h. ein Streckenabschnitt mit konstanten Parametern, ist so groß zu wählen, daß die über die Gesamtdauer der Versuchsstrecke notwendigen Messungen und Probenentnahmen ungestört möglich sind. Am Anfang und Ende der Streckenabschnitte ist ein hinreichend großes Feld vorzusehen, das nicht in die Messungen einbezogen wird, um hierdurch die Einflüsse aus dem Nachbarfeld auszuschließen (z. B. kein einwandfreier Übergang der Bauweisen, fahrdynamische Auswirkungen aus dem Nachbarfeld). Es ist also nach heutigen Gesichtspunkten keineswegs vertretbar, daß bei einer Versuchsstrecke im Betondeckenteil ein Unterabschnitt nur aus drei hintereinanderliegenden Platten von je 10 m Länge besteht.

Um die Verhaltensweisen verschiedener Bauweisen allgemeingültig beurteilen und Rückschlüsse auch auf andere Projekte ziehen zu können, was ja schließlich der Sinn einer Versuchsstrecke ist, sind die Verkehrsbelastungen und die klimatischen Verhältnisse einwandfrei zu erfassen.

Die Verkehrsbelastungen sind durch automatische Registriergeräte, die in die Strecke eingebaut werden, aufzuzeichnen und aufzusummieren. Mit ihrer Hilfe können die Fahrzeuge nach Gruppen gezählt werden [11]; mit Hilfe der üblichen Verkehrszählmethoden sind für eine Versuchsstrecke keine ausreichenden Informationen möglich.

Die Temperatur- und Feuchtigkeitsverhältnisse sollten sowohl in der Umgebung als auch innerhalb der einzelnen Schichten laufend registriert werden. Nur bei genauer Kenntnis dieser Fakten ist eine Anwendung der Ergebnisse auf andere Bauvorhaben unter anderen äußeren Bedingungen möglich.

Während der gesamten Laufzeit ist die Versuchsstrecke sehr genau zu beobachten und die Schäden (z. B. Risse, Aufbrüche) genau aufzunehmen. Gegebenenfalls sind Ausbesserungen vorzunehmen, worüber jedoch genaue Protokolle über Art und Umfang (z. B. Vergießen von Rissen, Flickstellen, Teppichüberzüge) anzufertigen sind.

Die Erhebungen bzw. Messungen über Schadensverhalten, Setzungen bzw. Verschiebungen und Ebenheiten sind sehr genau durchzuführen, um durch eine Gegenüberstellung der Daten einwandfreie Beziehungen zwischen diesen Merkmalen herzustellen.

Jede Straße ist ein Wirtschaftsfaktor, daher sollte gerade bei einer Versuchsstrecke die finanzielle Seite der Bauweisen stärker berücksichtigt werden. Dies bedeutet, daß die Bau- und Betriebskosten sowie die allgemeinwirtschaftlichen Überlegungen mit in die Bewertung von Versuchsstrecken einbezogen werden müssen. Es dürfte für den Ingenieur grundsätzlich keine Schwierigkeit bedeuten, Straßen zu bauen, die selbst unter den immer stärker werdenden Verkehrsbelastungen 20–30 Jahre oder mehr der ihnen gestellten Aufgabe in vollem Umfang gerecht werden. In wirtschaftlichem Sinne aber ist es unsere Aufgabe, gerade die Bauweise herauszufinden, die mit einem Minimum an finanziellem Aufwand den größtmöglichen Nutzen bringt. Diesem Ziel näher zu kommen, ist Zweck aller Forschungen auf diesem Fachgebiet. Das Problem einer wirtschaftlichen Dimensionierung im Straßenbau wird sich wegen der Vielzahl der Parameter immer auch auf empirische Verfahren stützen müssen. Die vorliegende Arbeit hat gezeigt, daß nur mit beachtlichem finanziellem Aufwand wirklich fundierte Erkenntnisse gesammelt werden können. Bei äußerst gewissenhaftem Vorgehen werden sich dann auch schon wenige Jahre nach Inbetriebnahme der Versuchsstrecken Ergebnisse zeigen, die sich auf einen längeren Zeitraum projizieren lassen und aus denen Rückschlüsse bezüglich einer allgemeingültigen Dimensionierung im Straßenbau gezogen werden können. Auf Grund langfristiger und zumindest jährlich durchzuführender Erhebungen wäre grundsätzlich zu klären, ob von den nach kurzfristiger Benutzung festgestellten Daten bereits auf das Langzeitverhalten Rückschlüsse gezogen werden können.

Durch den ständigen Wandel der Bauweisen werden bereits nach kurzen Zeiträumen gültige Beurteilungsmaßstäbe über das Verhalten von Fahrbahnkonstruktionen benötigt. Durch eine frühzeitige Analyse der Verhaltensweisen können Anregungen für die Entwicklung neuer und wirtschaftlicher Bauweisen gewonnen werden.

Literaturverzeichnis

[1] RENFERT, Abschlußbericht Forschungsauftrag Aldekerk 1954–1958, Lehrstuhl für Straßenbau, Erd- und Tunnelbau, TH Aachen.

[2] Forschungsbericht Nr. 903 des Landes Nordrhein-Westfalen, Westdeutscher Verlag, Köln und Opladen.

[3] SCHÜTTE, W., Einfluß der Bewehrung von Betonfahrbahnplatten, in: Neue Wege im Betonstraßenbau, FG für das Straßenbauwesen e.V., 1950.

[4] DITTRICH, R., Autobahn-Fahrbahndecken 1934–1956, Forschungsarbeiten aus dem Straßenwesen, Band 58, Kirschbaum-Verlag, Godesberg

[5] KOHLER, H., und H.-G. BELTZ, Die Ebenheit von Straßen und ihre Kontrolle mit dem Ebenheitsprüfgerät Planograf, Straße und Autobahn 11/1960, H. 8, S. 335.

[6] BECKER, P. VON, Einsenkungsmessungen mit dem Benkelman-Balken, Straße und Autobahn 17/1966, H. 7, S. 233.

[7] Zusätzliche Technische Vorschriften und Richtlinien für Erdarbeiten im Straßenbau (ZTVE - StB 65), FG, 1965.

[8] Richtlinien für die Ausführung des Unterbaues bituminöser Fahrbahndecken (RU bit 60), Der Bundesminister für Verkehr, 1960.

[9] Vorläufiges Merkblatt für den Schlagversuch an Splitt 8/12, FG, 1966.

[10] Technische Vorschriften und Richtlinien für den Bau bituminöser Fahrbahndecken, Teil 3, Asphaltbeton und Sandasphalt (Heißeinbau) TV bit 3/64, Der Bundesminister für Verkehr, 1964.

[11] CRANTZ, Vergleichende Betrachtung der Meßergebnisse und Beobachtungen auf den Unterbauversuchsstrecken Lahr (B 36), Grunbach (B 29) und Düsseldorf-Nord (B 288), Straßenbau-Technik 15/1962, H. 18, S. 1023.

[12] FEUCHTINGER, MURANYI, BILLINGER, Untersuchungen über Gesetzmäßigkeiten im Verkehrsablauf auf den Straßen in der Bundesrepublik Deutschland, Straßenbau und Straßenverkehrstechnik H 10, 1960.

[13] Abschlußbericht zum Forschungsauftrag „Beobachtungen und Folgerungen an Deckenschäden nach langer Verkehrseinwirkung", Aachen 1968. Die vollständige Fassung kann vom Ministerpräsidenten des Landes Nordrhein-Westfalen – Landesamt für Forschung – oder vom Lehrstuhl für Straßenwesen, Erd- und Tunnelbau der Rheinisch-Westfälischen Technischen Hochschule Aachen auf Anforderung zur Verfügung gestellt werden.

Additional material from *Beobachtungen und Folgerungen an Deckenschäden nach langer Verkehrseinwirkung,*
ISBN 978-3-663-20047-5, is available at http://extras.springer.com

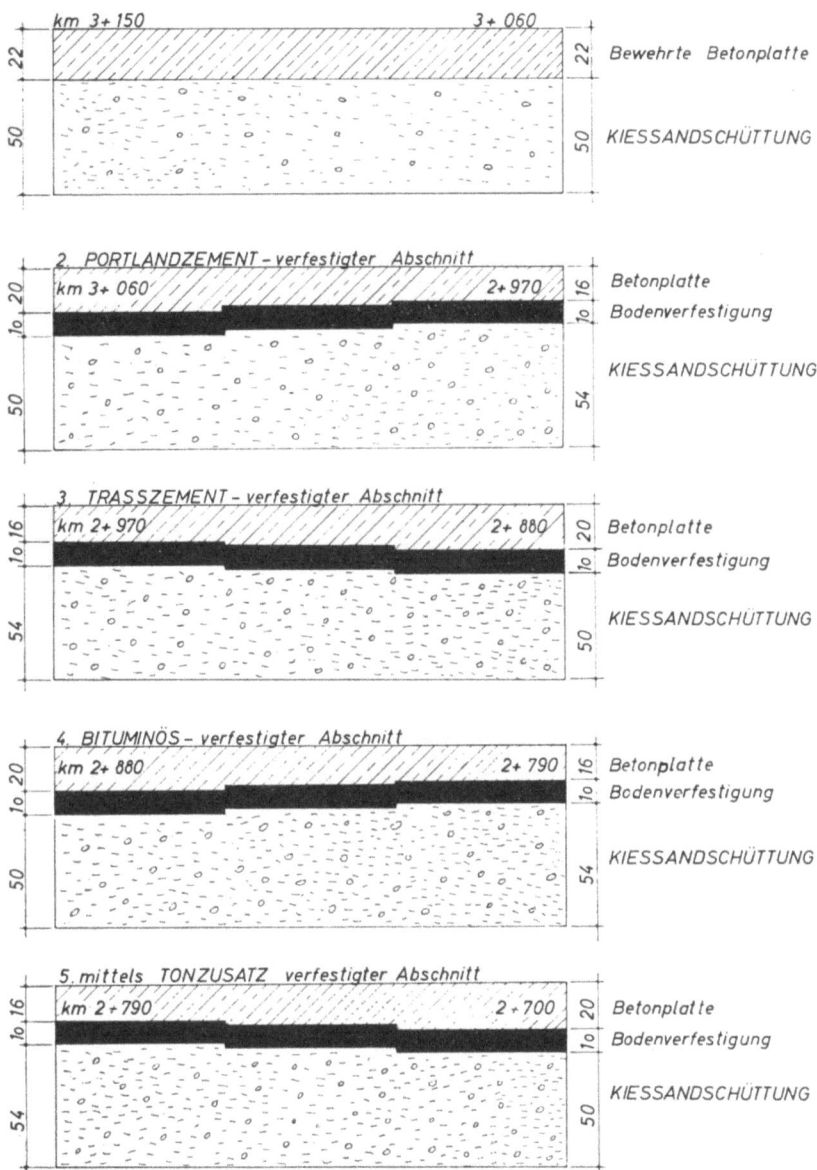

Abb. 2: Versuchsabschnitt – Betondeckenteil

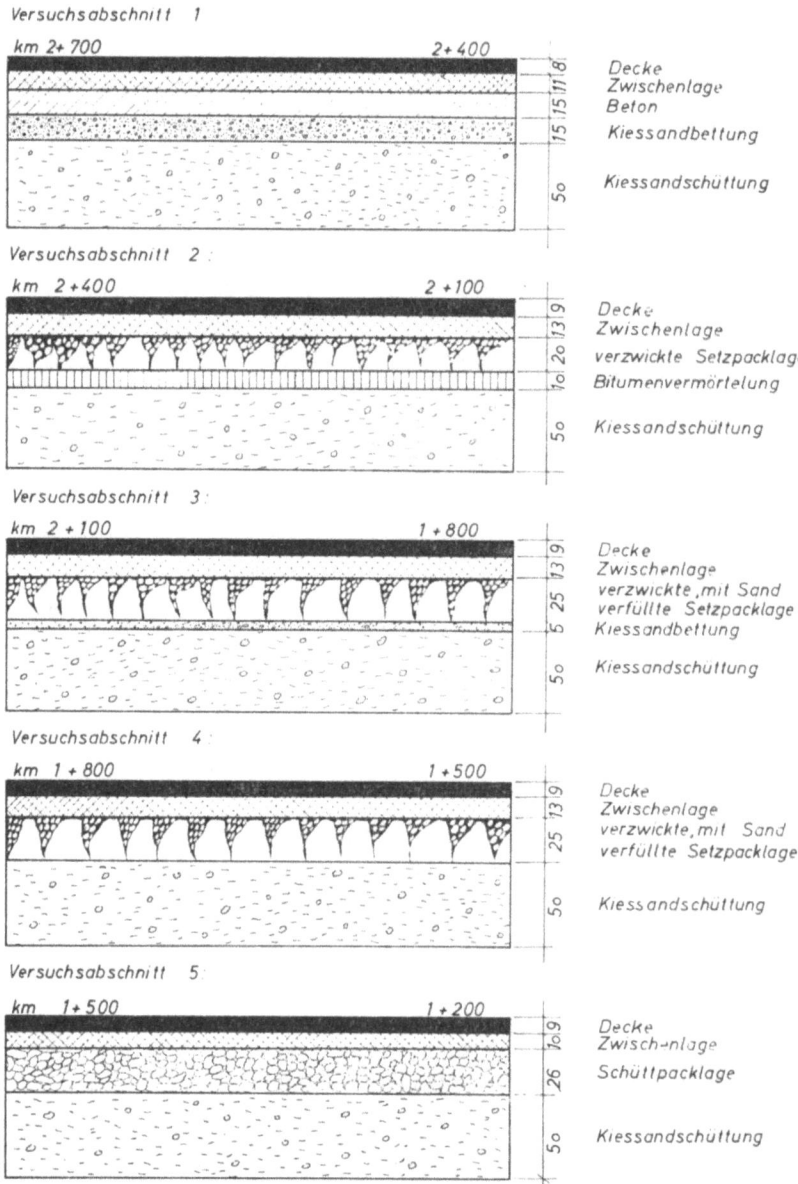

Abb. 3: Versuchsabschnitt – Schwarzdeckenteil

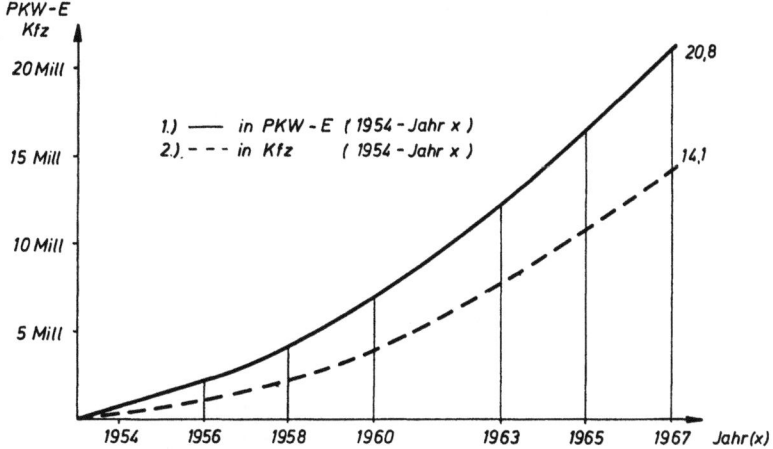

Abb. 4: Fahrzeugübergänge seit Eröffnung der Versuchsstrecke

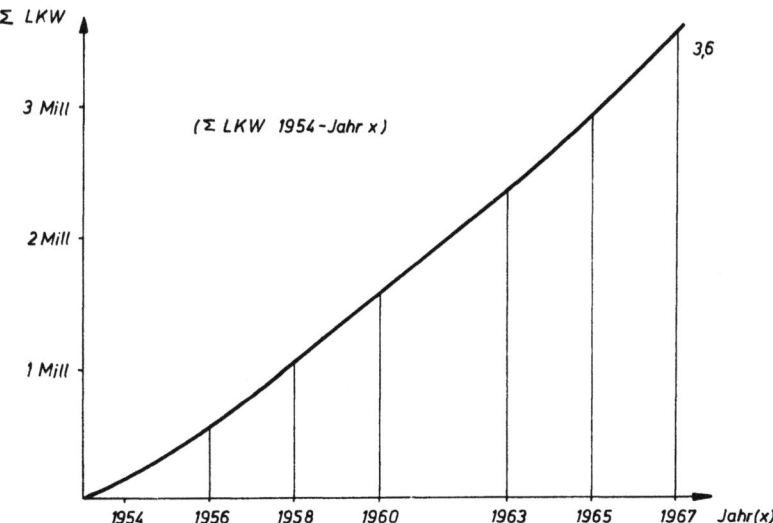

Abb. 5: LKW-Übergänge seit Eröffnung der Versuchsstrecke

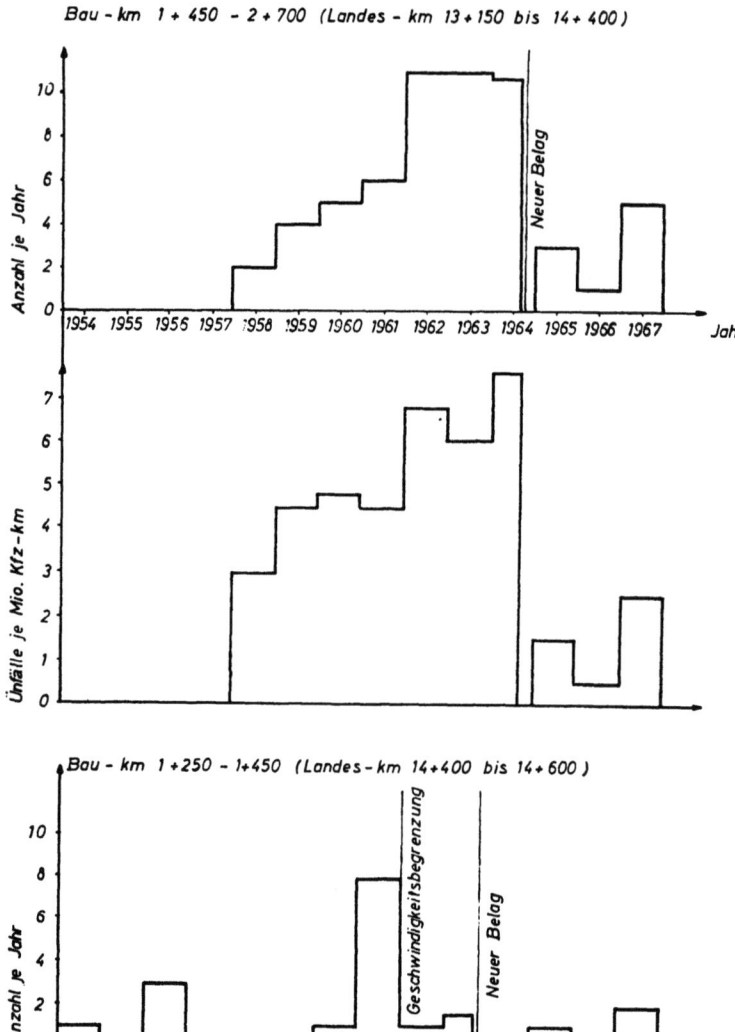

Abb. 6: Entwicklung der Verkehrsunfälle

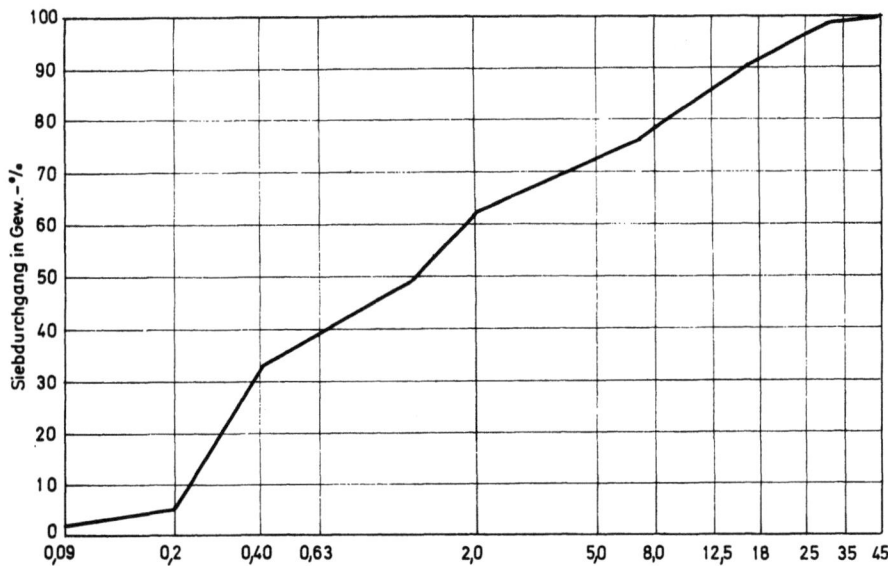

Abb. 7: Kornzusammensetzung des Kiessandgemisches aus dem Eyller See [1]

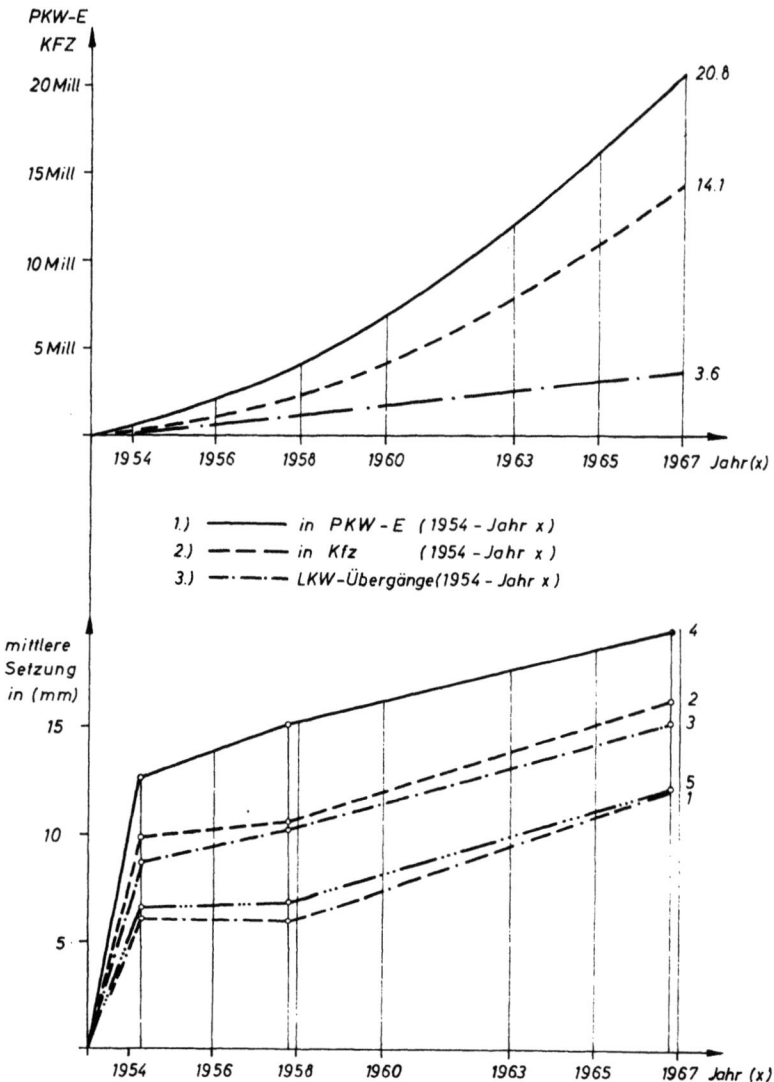

Abb. 8: Setzungsverhalten in Abhängigkeit von der Benutzungszeit und der Verkehrsbelastung

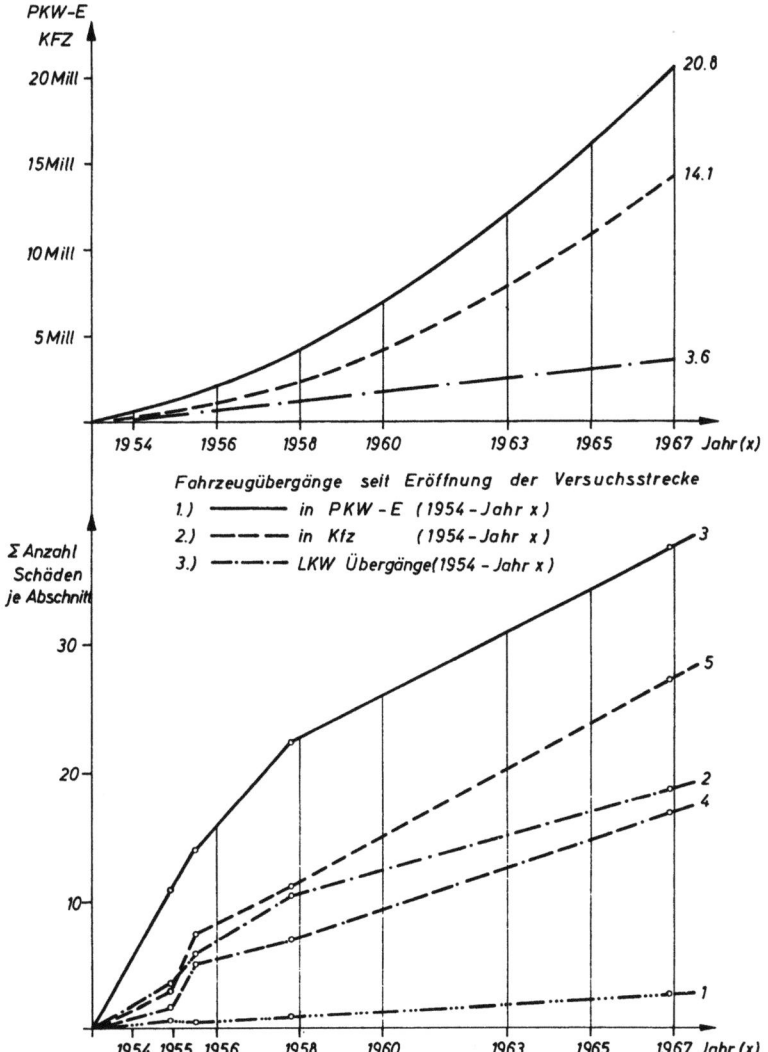

Abb. 9: Verlauf der Plattenschäden in Abhängigkeit von der Benutzungszeit und der Verkehrsbelastung

Forschungsberichte des Landes Nordrhein-Westfalen

Herausgegeben im Auftrage des Ministerpräsidenten Heinz Kühn
von Staatssekretär Professor Dr. h. c. Dr. E. h. Leo Brandt

Sachgruppenverzeichnis

Acetylen · Schweißtechnik
Acetylene · Welding gracitice
Acétylène · Technique du soudage
Acetileno · Técnica de la soldadura
Ацетилен и техника сварки

Arbeitswissenschaft
Labor science
Science du travail
Trabajo científico
Вопросы трудового процесса

Bau · Steine · Erden
Constructure · Construction material ·
Soil research
Construction · Matériaux de construction ·
Recherche souterraine
La construcción · Materiales de construcción ·
Reconocimiento del suelo
Строительство и строительные материалы

Bergbau
Mining
Exploitation des mines
Minería
Горное дело

Biologie
Biology
Biologie
Biologia
Биология

Chemie
Chemistry
Chimie
Quimica
Химия

Druck · Farbe · Papier · Photographie
Printing · Color · Paper · Photography
Imprimerie · Couleur · Papier · Photographie
Artes gráficas · Color · Papel · Fotografía
Типография · Краски · Бумага · Фотография

Eisenverarbeitende Industrie
Metal working industry
Industrie du fer
Industria del hierro
Металлообрабатывающая промышленность

Elektrotechnik · Optik
Electrotechnology · Optics
Electrotechnique · Optique
Electrotécnica · Optica
Электротехника и оптика

Energiewirtschaft
Power economy
Energie
Energía
Энергетическое хозяйство

Fahrzeugbau · Gasmotoren
Vehicle construction · Engines
Construction de véhicules · Moteurs
Construcción de vehículos · Motores
Производство транспортных средств

Fertigung
Fabrication
Fabrication
Fabricación
Производство

Funktechnik · Astronomie
Radio engineering · Astronomy
Radiotechnique · Astronomie
Radiotécnica · Astronomía
Радиотехника и астрономия

Gaswirtschaft
Gas economy
Gaz
Gas
Газовое хозяйство

Holzbearbeitung
Wood working
Travail du bois
Trabajo de la madera
Деревообработки

Hüttenwesen · Werkstoffkunde
Metallurgy · Materials research
Métallurgie · Matériaux
Metalurgia · Materiales
Металлургия и материаловедение

Kunststoffe
Plastics
Plastiques
Plásticos
Пластмассы

Luftfahrt · Flugwissenschaft
Aeronautics · Aviation
Aéronautique · Aviation
Aeronáutica · Aviación
Авиация

Luftreinhaltung
Air-cleaning
Purification de l'air
Purificación del aire
Очищение воздуха

Maschinenbau
Machinery
Construction mécanique
Construcción de máquinas
Машиностроительство

Mathematik
Mathematics
Mathématiques
Matemáticas
Математика

Medizin · Pharmakologie
Medicine · Pharmacology
Médecine · Pharmacologie
Medicina · Farmacología
Медицина и фармакология

NE-Metalle
Non-ferrous metal
Metal non ferreux
Metal no ferroso
Цветные металлы

Physik
Physics
Physique
Física
Физика

Rationalisierung
Rationalizing
Rationalisation
Racionalización
Рационализация

Schall · Ultraschall
Sound · Ultrasonics
Son · Ultra-son
Sonido · Ultrasónico
Звук и ультразвук

Schiffahrt
Navigation
Navigation
Navegación
Судоходство

Textilforschung
Textile research
Textiles
Textil
Вопросы текстильной промышленности

Turbinen
Turbines
Turbines
Turbinas
Турбины

Verkehr
Traffic
Trafic
Tráfico
Транспорт

Wirtschaftswissenschaften
Political economy
Economie politique
Ciencias económicas
Экономические науки

Einzelverzeichnis der Sachgruppen bitte anfordern

Westdeutscher Verlag · Köln und Opladen
567 Opladen/Rhld., Ophovener Straße 1–3, Postfach 1620

If you have any concerns about our products,
you can contact us on
ProductSafety@springernature.com

In case Publisher is established outside the EU,
the EU authorized representative is:
**Springer Nature Customer Service Center GmbH
Europaplatz 3, 69115 Heidelberg, Germany**

Printed by Libri Plureos GmbH
in Hamburg, Germany